全国畜禽遗传资源普查百问百答

全国畜牧总站 ◎ 组编

中国农业出版社

北京

图书在版编目（CIP）数据

全国畜禽遗传资源普查百问百答／全国畜牧总站组编．—北京：中国农业出版社，2022.7
ISBN 978-7-109-30073-6

Ⅰ.①全… Ⅱ.①全… Ⅲ.①畜禽－种质资源－资源调查－中国－问题解答 Ⅳ.①S813.9-44

中国版本图书馆CIP数据核字(2022)第176555号

中国农业出版社出版

地址：北京市朝阳区麦子店街18号楼
邮编：100125
责任编辑：张艳晶
版式设计：田晓宁　　责任校对：吴丽婷　　责任印制：王　宏
印刷：北京缤索印刷有限公司
版次：2022年7月第1版
印次：2022年7月北京第1次印
发行：新华书店北京发行所
开本：700mm×1000mm　1/16
印张：7.25
字数：110千字
定价：85.00元

前言

INTRODUCTION

　　之所以编写出版这本小册子，主要是出于工作需要，答疑解惑，去伪存真，及时回应和解答各地问题，更好指导促进第三次全国畜禽遗传资源普查工作。本次普查不同于1979—1983年第一次和2006—2009年第二次全国畜禽遗传资源调查，主要表现为五个方面：一是区域全覆盖，涉及省、市、县、乡、村，不漏掉一个村，是新中国历史上规模最大、覆盖范围最广的全国性行动。二是对象更明确，不仅包括大家熟悉的猪、牛、羊、鸡、鸭、鹅等17种传统畜禽，以及大家不太熟悉的梅花鹿、貂、貉、狐等16种特种畜禽，还包括蜜蜂（中蜂、西蜂）、熊蜂、壁蜂、切叶蜂、无刺蜂等9种蜂，以及家蚕、柞蚕、天麻蚕等6种蚕。三是内容更深入，不仅包括分布区域、群体数量、体型外貌、生产性能等传统指标参数，还涉及分子水平等方面的研究进展。四是手段更先进，充分运用信息化技术手段，实行即查即报、在线审核，同时加强动态监测和调度通报。五是保护更及时，在普查基础上，研究确定濒危品种名单，同步启动抢救性收集保护，争取做到应查尽查、应收尽收、应保尽保。

　　本次普查覆盖面广，涉及环节多，投入人员多，调查畜种多，测定指标多，时间紧、任务重、要求高，既有面上普查，又有点上测定，既要普查测定、建立数据库、撰写报告和志书，又要发掘新资源、抢救濒危品种和开展精准鉴定，点面结合、环环相扣、层层递进，组织性很强，专业性很强，的确需要一本简明扼

要、有针对性、可操作的指导手册。在普查工作中，各地也陆续反映了许多问题和疑惑，有共性的，也有个性的，要求从全国层面编写一本小册子。

为此，第三次全国畜禽遗传资源普查工作办公室（设在全国畜牧总站）依托全国畜禽遗传资源普查技术专家组和有关省级普查机构，成立了《全国畜禽遗传资源普查百问百答》（以下简称《百问百答》）编委会和编写组。所有编写人员胸怀"国之大者"，以促进民族种业振兴为己任，提高政治站位，强化责任担当，发扬专业精神，认真学习农业农村部普查任务要求，系统梳理相关法律法规和标准规范，分类汇总各地问题，深入调查研究，充分研讨论证，历时2个多月，编写完成了《百问百答》书稿。本书以普查方案为纲，分普查方案释义、面上普查、系统调查、抢救性保护及分级保护、新遗传资源的发掘与鉴定、其他、附录等七部分，采取一问一答形式，对易混淆、易出错、理解不到位的152个问题进行了解答，旨在让普查测定人员完整、准确、全面理解掌握本次普查任务要求，促进普查工作顺利开展。鉴于编者水平有限，编写时间仓促，书中难免有疏漏之处，敬请广大读者不吝指正和赐教。

编　者

2022年2月

目 录
CONTENTS

第一部分　普查方案释义

第二部分　　面上普查

第三部分　系统调查

第四部分　　抢救性保护及分级保护

第五部分　　新遗传资源的发掘与鉴定

第六部分　　其　他

附　录　　国家畜禽遗传资源目录

第一部分
普查方案释义

1 何为畜禽?

　　畜禽是指经过人类长期驯化和选育而成的家养动物,具有一定群体规模和用于农业生产的物种,种群可在人工饲养条件下繁衍,为人类提供肉、蛋、奶、毛皮、纤维、药材等产品,或满足役用、运动、休闲娱乐等需要。根据科学性、安全性、尊重民族习惯、与国际接轨的原则,经国务院批准,2020年5月29日,农业农村部公布《国家畜禽遗传资源目录》(以下简称《目录》)(农业农村部公告第303号)。《目录》首次明确了畜禽种类范围,列入33种畜禽,其中17种传统畜禽、16种特种畜禽,补上了长期以来畜牧业管理制度的短板。

　　传统畜禽是我国畜牧业生产的主要组成部分,主要用来生产肉、蛋、奶,其肉类总产量约占我国肉类总产量的99%,禽蛋产量为供应量的100%。传统畜禽包括猪、普通牛、瘤牛、水牛、牦牛、大额牛、绵羊、山羊、马、驴、骆驼、兔、鸡、鸭、鹅、鸽、鹌鹑等17种。

　　特种畜禽是我国畜牧业生产的重要补充,包括梅花鹿、马鹿、驯鹿、羊驼、火鸡、珍珠鸡、雉鸡、鹧鸪、番鸭、绿头鸭、鸵鸟、鸸鹋、水貂(非食用)、银狐(非食用)、北极狐(非食用)、貉(非食用)等16种。主要分为三部分:一是我国自有的区域特色种类,已形成比较完善的产业体系,如梅花鹿、马鹿、驯鹿等;二是国外引入的特色种类,虽然在我国养殖时间不长,但在国外已有上千年的驯化史，如羊驼、火鸡、珍珠鸡等；三是非食用特种用途种类，主要用于毛皮加工和产品出口，我国已有成熟的家养品种，如水貂、银狐、北极狐、貉等。

2 如何界定品种和品种类群？

《目录》中的畜禽是物种的概念，在畜牧业生产实践中，畜禽是按照品种管理的。品种是指物种内具有共同来源和特有性状，经过长期演变，遗传性稳定，且具有同一共性的、一定数量的种群，分为地方品种（土种）、培育品种和引入品种。在一个品种群体内，由于各种原因造成若干遗传特性有一定差异的群体，其中具有共同特性的群体称为品种类群。如华中两头乌猪品种内又分为沙子岭猪、监利猪、通城猪、赣西两头乌猪和东山猪等5个类群；内蒙古绒山羊品种内又分为阿拉善型、阿尔巴斯型和二郎山型3个类群；蒙古马品种内又分为乌珠穆沁马、百岔马、乌审马、巴尔虎马等类群。

一个物种往往包含多个品种，比如大白猪、长白猪、梅山猪等都属于猪这一物种的具体品种。为方便养殖场户、管理人员和社会公众查询，增强《目录》贯彻实施的针对性、规范性和可操作性，经农业农村部批准，国家畜禽遗传资源委员会公布了与之配套的《国家畜禽遗传资源品种名录（2021年版）》（以下简称《品种名录》），明确了各畜禽的具体品种，开启了畜禽品种正面清单管理的新阶段。

3 什么是配套系？

配套系是指利用不同品种或种群之间杂种优势，用于生产商品群体的品种或种群的特定组合。根据参与杂交配套的纯系数量，配套系分为两系杂交、三系杂交和四系杂交，甚至五系杂交等，其中以三系和四系杂交最为普遍（图1）。在配套生产过程中，形成了曾祖代、祖代、父母代和商品代。每一个畜禽配套系都有相对固定的组成模式。以家禽为例，一般家禽配套系的祖代和父母代是按套出售的，其祖代套数通常以D系母鸡的数量来确定。以100套蛋鸡四系配套系为例，包括A系1只公鸡、B系10只母鸡、C系10只公鸡和D系100只母鸡共计121只种鸡。国外公司为了控制市场，保护自己的知识产权，不出售纯系，而采用A系售公不售母、B系售母不售公、C系售公不售母、D系售母不售公的限制销售方式，迫使用户不断进口。

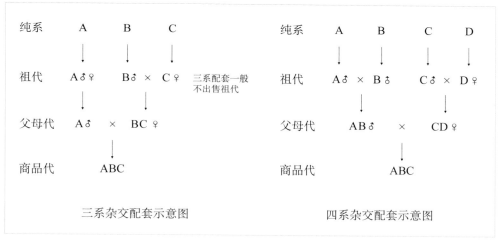

图1　配套系示意图

4　如何界定地方品种和引入品种（配套系）？

地方品种是在特定区域的自然生态环境、社会经济文化背景下，经长期无计划选择形成的品种。《品种名录》共收录地方品种547个。

引入品种（配套系）是指原产地在国外、引入国内饲养的畜禽品种（配套系），如长白猪、西门塔尔牛、波尔山羊等。《品种名录》共收录引入品种（配套系）156个。引进原产地为国内其他省市的纯种地方畜禽仍然为地方品种，不能填报为引入品种。

5 为什么要组织开展畜禽遗传资源调查？

畜禽遗传资源是农业种质资源的重要组成部分，农业种质资源是保障国家粮食安全和重要农产品有效供给的战略性资源，是农业科技原始创新与现代种业发展的物质基础。当前，种业之争本质是科技之争，焦点是资源之争。谁占有了更多种质资源，谁就掌握了选育品种的优势，谁就具备了种业竞争的主动权。我国是种质资源大国，但还不是种质资源强国。目前，许多种源与国际先进水平还有较大差距，重要原因就是优异种质资源储备不足，精准鉴定挖掘不够。要打好种业翻身仗，实现种源自主可控，必须加强种质资源保护利用，当务之急是要开展资源普查，摸清资源家底。

畜禽遗传资源属于可变性和可更新资源，一直处于动态变化中，需要定期组织开展调查。与自然资源和经济普查一样，畜禽遗传资源调查是加强资源保护与管理的一项重要基础性工作。通过资源调查，才能摸清底数，掌握情况，及时了解畜禽遗传资源的动态变化，为行业管理、科学研究和产业发展提供基础支撑。

6 第一次全国畜禽遗传资源调查是哪年开展的，取得了哪些成就？

1976—1983年，农林部组织全国农、科、教各有关部门，实施了第一次全国畜禽遗传资源调查，初步摸清了除西藏以及部分边远地区外的畜禽资源家底。在此基础上，编撰出版了《中国猪品种志》《中国牛品种志》《中国羊品种志》《中国马驴品种志》和《中国家禽品种志》5卷志书，共收录地方品种、培育品种和引入品种282个。这是我国首次出版系统记载畜禽品种的志书。

7 第二次全国畜禽遗传资源调查是哪年开展的，取得了哪些成就？

2006—2009年，农业部组织实施了第二次全国畜禽遗传资源调查，由全国畜牧总站牵头，历时三年多，基本摸清了当时我国畜禽资源状况和三十年来的变化，编纂出版了《中国畜禽遗传资源志》，包括猪、牛、羊、马驴驼、家禽、特种畜禽和蜜蜂7卷，共收录畜禽品种747个。

与第一次调查相比，第二次调查的范围更广，覆盖大部分省份；调查的畜种更全，不仅包括猪、牛、羊、家禽等生产中主要的畜禽品种，还包括骆驼、兔、鸽等特色品种；不仅包括古老品种，还包括新类群和新遗传资源；同时对中国斗鸡、太湖猪、黄淮海黑猪等品种进行了科学拆分。

8 为什么要组织开展第三次全国畜禽遗传资源普查？

这是以习近平同志为核心的党中央把种源安全提升到关系国家安全的战略高度来认识，作出了"打一场种业翻身仗"的决策部署。2013年12月，习近平总书记在中央农村工作会议上指出，要下决心把民族种业搞上去，抓紧培育具有自主知识产权的优良品种，从源头上保障国家粮食安全。2020年12月召开的中央经济工作会议和中央农村工作会议，习近平总书记再次强调要立志打一场种业翻身仗。2021年的中央一号文件和政府工作报告对资源普查和保护作了明确要求。2021年7月9日，习近平总书记主持召开中央深化改革委员会第二十次会议，审议通过《种业振兴行动方案》并强调，要把种源安全提升到关系国家安全的战略高度，集中力量破难题、补短板、强优势、控风险，实现种业科技自立自强、种源自主可控。资源保护是中央种业振兴的首要行动，资源普查是资源保护的首要任务，务必要起好步、开好局。

组织开展第三次全国畜禽遗传资源普查有法律和政策依据。《畜牧法》规定，国务院畜牧兽医行政主管部门负责组织畜禽遗传资源的调查工作，发布国家畜禽遗传资源状况报告。《生物安全法》规定，各主管部门根据职责分工，组织开展生物资源调查，支持生物资源的调查、保藏，相关支出列入政府预算。2020年2月，国务院办公厅印发《关于加强农业种质资源保护与利用的意见》（国办发〔2019〕56号），要求组织开展畜禽在内的农业种质资源系统调查，加快查清资源家底，加大珍稀、濒危、特有资源与特色地方品种的收集保护力度，确保资源不丧失，实现应查尽查、应保尽保。

组织开展第三次全国畜禽遗传资源普查，是全面加强资源保护与管理的迫切需要。第二次全国畜禽遗传资源调查之后，我国已有10多年没有组织开展全国畜禽遗传资源普查。这期间，我国畜牧业加快转型升级，规模化养殖快速发展，环境污染治理加快，农村散养户加速退出，商业化养殖高度集中在有限的几个高产品种，传统养殖模式下的地方品种受到了很大影响，其状况发生了很大变化。受非洲猪瘟、禽流感等疫情和禁养限养等因素影响，地方品种的灭失风险加剧，原有品种是否还存在，尚不清楚。另外，前两次对我国青藏高原6省区和边远地区的普查不全面、不彻底，这些地区很可能会发现新的品种资源。非常有必要启动第三次全国畜禽遗传资源普查。

9 第三次全国畜禽遗传资源普查的主要目标和实施期限？

2021年3月23日，全国农业种质资源普查电视电话会议在北京召开，中共中央政治局委员、国务院副总理胡春华出席会议并作重要讲话，同期农业农村部印发《关于开展全国农业种质资源普查的通知》（农种发〔2021〕1号），标志着第三次全国畜禽遗传资源普查全面启动。

本次普查的主要目标是，利用三年时间，摸清我国畜禽、蜂和蚕资源家底，发掘鉴定一批新资源，抢救性收集保护一批濒危品种，加大珍稀品种保护力度，实现应查尽查、应收尽收、应保尽保。

实施期限是，从2021年3月开始，至2023年12月结束，共计3年。在时间安排上分"三步走"，2021年组织调查人员进村入户开展面上普查；2022年对面上普查确认存在的畜禽品种进行生产性能测定；2023年数据分析、编写资源状况报告和编纂志书，抢救性收集保护和发掘鉴定新资源贯穿其中。

10 第三次全国畜禽遗传资源普查的实施范围？

全国31个省（自治区、直辖市）和新疆生产建设兵团全覆盖。普查的畜种全覆盖，包括列入《目录》的所有畜禽，以及参照《畜牧法》管理的蜂和蚕遗传资源，每个畜种又包括地方品种、培育品种及配套系和引入品种及配套系。

畜禽的普查范围包括《目录》列入的17种传统畜禽和16种特种畜禽，共计33种。

蜂种的普查范围包括蜜蜂、熊蜂、壁蜂、切叶蜂、无刺蜂，以及大蜜蜂、小蜜蜂、黑大蜜蜂和黑小蜜蜂。

蚕种的普查范围包括家蚕、柞蚕，以及天蚕、栗蚕、琥珀蚕和蓖麻蚕等。

11 第三次全国畜禽遗传资源普查的重点任务有哪些？

重点任务有五项：

一是面上普查，主要查有没有、有多少、分布在哪儿，这是2021年的"必修课"，要求年底前基本完成。同时启动西藏、四川、云南、甘肃、青海等5省（自治区）青藏高原区域及新疆部分地州县的重点区域调查，旨在发掘鉴定一批青藏高原的特色优质新资源。

二是系统调查和性能测定。这是2022年的"重头戏"，对面上普查确认存在的品种进行专业系统调查和生产性能测定，拍摄品种照片等影像资料。

三是对濒危品种实施抢救性收集保护，确保资源不丧失，这是当务之急。同时推动修订国家级和省级畜禽保护名录，健全保护体系，明确保护主体，实现应保尽保。

四是发掘鉴定一批特色优质新资源，这是资源普查的重要内容，也是资源普查的重要成果。

五是编写资源状况报告和志书，这是本次资源普查的标志性成果。

12 第三次全国畜禽遗传资源普查技术路线是怎样的？

第三次全国畜禽遗传资源普查技术路线见图2。

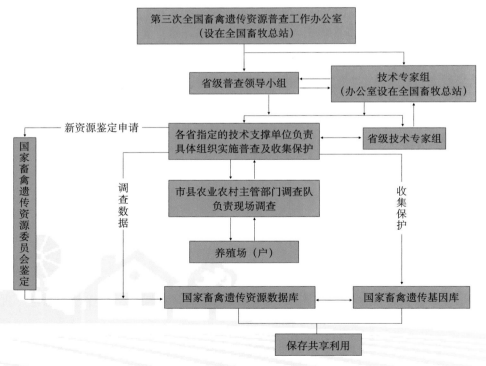

图2　第三次全国畜禽遗传资源普查技术路线

13 第三次全国畜禽遗传资源普查有哪些保障措施？

这次普查时间紧、任务重、专业性强。为确保取得圆满成效，按照"统一部署、分头实施、统筹推进"的原则，在以下几个方面强化保障。

一是加强组织领导。农业农村部成立全国农业种质资源普查工作领导小组，领导小组办公室设在种业管理司，负责统筹协调等具体工作。在全国畜牧总站设立第三次全国畜禽遗传资源普查工作办公室和技术专家组，负责组织实施畜禽资源普查工作。同时，要求省级农业农村部门也相应成立领导小组和技术专家组，县级农业农村部门要加强力量配备，强化部省县级普查工作协调统一。

二是加强经费保障。2022年在财政预算大幅压减的情况下，中央财政专门安排经费，支持开展资源普查、鉴定和保护。畜禽保种中央财政经费大幅增加，年度资金超过1亿元，首次实现了按标准足额补贴。初步落实中央财政资金3年普查经费2亿元、精准鉴定1亿元。各省份也安排了专项资金，如江苏、湖南、西藏、新疆等都安排了普查专项经费。

三是加强指导培训。农业农村部根据普查工作要求和进度安排，组织开展全国性和区域性技术培训，指导和督促各地加快推进。省级农业农村部门加强目标管理和过程管理，开展不同形式培训和现场指导，对执行进度和完成情况进行督促检查，确保普查方法统一规范，普查数据全面、真实、可靠。

四是加强宣传引导。在农民日报、中国畜牧兽医信息网、中国畜牧业等媒体上开设专栏专区，充分利用"两微一端"新媒体，深入挖掘先进人物、典型事迹等，加大宣传力度，提高社会公众认知度和全民参与意识，提升普查成果影响力。

14 与前两次全国畜禽遗传资源调查相比，第三次全国畜禽遗传资源普查有什么特点？

这次普查，是新中国成立以来规模最大、覆盖范围最广、技术要求最高、参与人员最多的一次普查。与前两次调查相比，第三次普查有以下五个特点。

第一，本次普查是新中国成立以来规模最大、覆盖面最广的全国大行动，层次之高、力度之大、范围之广前所未有。凡是有畜禽和蜂、蚕遗传资源分布的区域实现全覆盖，将以前未覆盖到的青藏高原区域和边远山区作为重点，共计3 000余个县（含县级单位）。其中，青藏高原区域和边远山区最有可能发现新遗传资源，是这次普查的重点区域。

第二，对象更明确。这次普查包括了列入《国家畜禽遗传资源目录》的猪、牛、羊、鸡、鸭、鹅等17种传统畜禽和梅花鹿、马鹿、水貂、银狐、貉等16种特种畜禽，也包括了适用《畜牧法》管理的蜂和蚕遗传资源。所有的地方品种、培育品种及配套系和引入品种及配套系都纳入普查对象。

第三，内容更深入。不仅包括数量分布、外貌特征、体尺体重等传统指标，还要配套开展精准鉴定，建立品种分子身份证和DNA特征库建设。

第四，手段更先进。针对本次普查，专门研发了全国畜禽遗传资源普查信息系统和数据库，开发了PC终端软件和移动终端APP，普查数据可以即查即报，全部纳入数据库，实现动态监测和监督管理的信息化，将大大提高普查工作效率。

第五，保护更及时。此次普查同步启动抢救性收集保护工作，加大对濒危、珍贵、稀有资源的保护力度，边普查边收集边保护，坚决避免出现刚普查过就有品种消失的情况，实现应收尽收，应保尽保。

15 为什么要成立全国畜禽遗传资源普查技术专家组？

第三次全国畜禽遗传资源普查专业性强、技术要求高，需要专家决策咨询和技术支持，这也是借鉴前两次调查的成功经验和做法。经农业农村部种业管理司同意，成立全国畜禽遗传资源普查技术专家组。技术专家组分畜种设立10个专业组，分别是猪、牛、羊、马驴驼、兔、鸡、水禽、特种家畜、蜂和蚕专业组，根据工作需要，每个专业组配备相应领域的专业人员，共计222名。按照专业对口、专业特长、就近就地的原则，建立分片包区工作机制，明确责任分工，品种到人，责任到人。

技术专家组受第三次全国畜禽遗传资源普查工作办公室（全国畜牧总站）的委托，负责起草普查技术文件，开展技术培训与业务咨询，指导各地开展普查工作，审核普查数据，编写重要技术报告，编纂畜禽、蜂和蚕遗传资源志书等。

各地可按照分工，与对应专家做好业务对接，普查过程中遇到技术难题，可寻求专家帮助。

16　县市如何组建普查队伍？

面上普查需要进村入户，面广、量大、专业性强，落实主体在县市，组建一支能打硬仗的专业普查队伍是关键。如何组建普查队伍，哪种方式最有效，由县市根据省级普查机构的安排部署和当地实际情况自行决定。如果当地畜牧兽医机构健全、技术力量强，可依托县市畜牧兽医站（中心），充分发挥乡镇畜牧兽医站（中心）和村级防疫员作用，组建普查队伍，进村入户分品种调查登记。如果当地畜牧兽医机构不健全或技术力量弱，可根据需要临时聘用专业技术人员，积极动员社会力量如科研院所、保种场、养殖企业、协会组织、养殖爱好者等，组建普查队伍，进村入户分品种调查登记。

第二部分

面上普查

17　为什么要先开展面上普查，面上普查有哪些具体要求?

　　面上普查主要查已知品种还有没有、有多少、分布在哪儿，同时发掘一批新遗传资源。落实的主体在县市，要求区域全覆盖和畜种全覆盖，不漏掉一个行政村，不落下一个畜种，2021年年底前要基本完成。区域全覆盖是本次普查区别于前两次调查的显著特点，也是检验普查成效的重要指标之一，不仅要调查前两次调查过的区域，还要重点调查前两次没有覆盖到的区域、调查不彻底的地区。重点是地方品种和西藏、四川、云南、甘肃、青海、新疆等青藏高原6省区。2021年4月28日，农业农村部在青海组织召开了重点区域调查启动会，对此做了安排部署。

18　本次普查的畜禽品种本底情况知多少?

　　根据《国家畜禽遗传资源目录》，国家畜禽遗传资源委员会制定了与之配套的《国家畜禽遗传资源品种名录》。品种收录的主要依据是：《中国畜禽遗传资源志》（2011年由中国农业出版社出版），国家畜禽遗传资源委员会审定通过的新品种及配套系和鉴定通过的新资源，经农业农村部审批依法引进的品种等。据此，

2021年1月13日，国家畜禽遗传资源委员会公布了2021年版《品种名录》（畜资委办〔2021〕1号），收录畜禽品种及配套系共计948个。其中，地方品种547个（占57.7%），培育品种及配套系245个（占25.8%），引入品种及配套系156个（占16.5%），见表1，这就是本次普查的畜禽品种本底。通过普查，要搞清楚这些品种还有没有，有多少，分布在哪儿。普查的重点是地方品种。

表1　第三次全国畜禽遗传资源普查畜禽品种本底情况

序号	畜种	小计（个）	地方品种（个）	培育品种及配套系		引入品种及配套系	
				培育品种（个）	培育配套系（个）	引入品种（个）	引入配套系（个）
1	猪	130	83	25	14	6	2
2	牛	80	55	10	—	15	—
3	瘤牛	1	—			1	
4	水牛	30	27			3	
5	牦牛	20	18	2			
6	大额牛	1	1				
7	绵羊	89	44	32	—	13	—
8	山羊	78	60	12		6	
9	马	58	29	13		16	
10	驴	24	24				
11	骆驼	5	5				
12	兔	35	8	10	4	9	4
13	鸡	240	115	5	80	8	32
14	鸭	55	37	—	10	1	7
15	鹅	39	30	1	2		6
16	鸽	9	3	—	2	3	1

（续）

序号	畜种	小计（个）	地方品种（个）	培育品种及配套系		引入品种及配套系	
				培育品种（个）	培育配套系（个）	引入品种（个）	引入配套系（个）
17	鹌鹑	3	—	1	—	2	—
18	梅花鹿	8	1	7	—	—	—
19	马鹿	5	1	3	—	1	—
20	驯鹿	1	1	—	—	—	—
21	羊驼	1	—	—	—	1	—
22	火鸡	5	1	—	—	2	2
23	珍珠鸡	1	—	—	—	1	—
24	雉鸡	5	2	2	—	1	—
25	鹧鸪	1	—	—	—	1	—
26	番鸭	4	1	—	1	1	1
27	绿头鸭	1	—	—	—	1	—
28	鸵鸟	3	—	—	—	3	—
29	鸸鹋	1	—	—	—	1	—
30	水貂	10	—	8	—	2	—
31	银狐	2	—	—	—	2	—
32	北极狐	1	—	—	—	1	—
33	貉	2	1	1	—	—	—
总计（个）		948	547	132	113	101	55
比例（%）			57.7	25.8		16.5	

19 不在本底普查统计表中的品种怎么办？

第一种情况：正在培育中的培育品种及配套系，不在本底普查统计表中，不需要普查和填报相应信息。由培育单位依据《畜禽新品种配套系审定和畜禽遗传资源鉴定管理办法》提出审定申请，经省级畜禽种业行政管理审核同意后，报国家畜禽遗传资源委员会。

第二种情况：未经国家审定的培育品种及配套系，不在本底普查统计表中，不列入农业农村部的普查范围，不需要普查和填报相应信息。省级普查机构自行处理。

第三种情况：未经鉴定的新发现遗传资源，不在本底普查统计表中，应依据方案中关于新遗传资源发掘评估的有关规定普查和填报。

第四种情况：从境外首次引入的畜禽遗传资源，不在本底普查统计表中，不需要普查和填报相应信息。依据《畜禽遗传资源进出境和对外合作研究利用审批办法》（国务院令第533号）及《从境外首次引进畜禽遗传资源技术要求》（农业部公告第1603号），经国家畜禽遗传资源委员会种用性能评估通过、报农业农村部审批后，自行列入《品种名录》。

第五种情况：遗漏品种，包括：一是在引种审批制度实施前经合法渠道从境外引入的，引种证据确凿，目前还有一定的群体规模，但不在本底普查统计表中的品种；二是由于种种原因，第一次调查确认存在但第二次调查未发现、目前尚不清楚还有没有的品种，也不在本次普查的本底统计表中。遗漏品种参照新遗传资源的发掘和评估进行普查和填报，由省级普查机构组织编写调查报告，并提供相应证明材料，报国家畜禽遗传资源委员会按有关规定办理。

20 遗漏畜禽品种如何认定和填报？

遗漏畜禽品种是指经本次普查发现种群仍存在，但由于种种原因未列入《品种名录（2021年版）》的品种，包括国家认定过的部分原有品种，如中山麻鸭、临沧长毛山羊、黑河马等；经国家审批依法引入的部分引入品种，如《国家畜禽遗传资源目录》出台前，由国家林业和草原总局审批引进的特种畜禽品种等。遗漏品种不包括省级审定或鉴定的畜禽品种。

遗漏品种可参照新发现遗传资源进行普查和填报。进村入户普查时，遗漏品种可参照畜禽和蜂遗传资源普查信息入户登记表进行统计登记，品种名称填写国家认可的名称或依法引入时的名称。在此基础上，以乡镇为单位，以行政村为基本单元，按品种汇总形成新发现遗传资源信息登记表，在备注栏说明该品种的"来龙去脉"及必要证明材料，然后逐级审核、逐级上报至省级普查机构。

遗漏品种由省级普查机构组织有关单位和专家进行系统调查测定，收集整理有关证明材料，编写调查报告，经省级畜禽种业行政管理部门向国家畜禽遗传资源委员会提出申请。国家畜禽遗传资源委员会组织有关专业委员会进行现场核实和论证，经委员会集体研究通过后，列入《品种名录》。

21　畜禽、蜂和蚕面上普查有何区别?

鉴于目前广大农牧民仍饲养有大量畜禽和蜂纯种资源，畜禽和蜂遗传资源普查是以县域为单位，以行政村为基本单元，进村入户调查，摸清品种状况、群体数量、饲养方式和区域分布等。对已知畜禽和蜂品种，由基层普查人员填写畜禽和蜂遗传资源普查信息入户登记表，在此基础上，按村分品种汇总形成并在信息系统中填报乡镇畜禽和蜂遗传资源普查信息表，逐级填报、逐级审核并形成县级畜禽和蜂遗传资源普查汇总表、市级畜禽和蜂遗传资源普查汇总表和省级畜禽和蜂遗传资源普查汇总表。对新发现的畜禽和蜂遗传资源，需要填报乡镇新发现资源信息表、县级新发现资源信息汇总表、市级新发现资源信息表和省级新发现资源信息汇总表。

鉴于绝大部分蚕种资源掌握在保种单位和种蚕场，蚕遗传资源普查是以省份为单位，摸清蚕的品种状况、保存单位、分布区域等，填报蚕遗传资源普查信息登记表。新发现的蚕遗传资源，需要在备注栏注明来源等信息。具体组织实施形式由省级普查机构自行决定。

22　红色名单——第二次全国畜禽遗传资源调查中未发现的15个品种是哪些？

在2021年3月23日全国农业种质资源普查电视电话会上，胡春华副总理强调，"不少历史上有名的地方特色猪种，如福州黑猪、江苏横泾猪、浙江虹桥猪、甘肃河西猪等，在第二次全国畜禽遗传资源调查中没有发现"。经梳理，共有15个已知畜禽品种未发现，需要通过本次普查核实是否还存在（截至目前，上海水牛已被找到）。15个品种分别是：

（1）猪（8个）

①横泾猪：为原太湖猪的一个类群。据记载，横泾猪以江苏省吴县的横泾镇为繁殖中心，分布于附近各公社。

②虹桥猪：地方品种。据记载，原产于浙江省乐清市，1980年统计有繁殖母猪8 400多头。

③潘郎猪：地方品种。据记载，原产于浙江省潘郎县，1980年统计有繁殖母猪1 530多头。

④北港猪：地方品种。据记载，原产于浙江省平阳、苍南等县，1980年统计有繁殖母猪1 900多头。

⑤雅阳猪：地方品种。据记载，原产于浙江省雅阳地区，1980年统计有繁殖母猪2 000多头。

⑥福州黑猪：地方品种。据记载，原产于福建省福州市郊区，分布于福建省东南沿海，闽江下游两岸，1978年统计有繁殖母猪9 000多头。

⑦平潭黑猪：地方品种。据记载，原产于福建省平潭县，1981年统计有繁殖母猪2 500多头。

⑧河西猪：地方品种。据记载，原产于甘肃省，1986年统计有繁殖母猪44万多头。

（2）家禽（3个）

①烟台糁糠鸡：地方品种。据记载，原产于山东省蓬莱、龙口、莱州三市，

1978年存栏约130万只。

②陕北鸡：地方品种。据记载，原产于陕西省北部丘陵沟壑地区，1982年存栏约119万只。

③中山麻鸭：地方品种。原产于珠江三角洲一带。

（3）牛（2个）

①荡脚牛：地方品种。据记载，原产于上海市的川沙、南汇、奉贤等区、县。

②上海水牛：地方品种。原产于上海，目前已找到，并列入《品种名录（2021年版）》。

（4）羊（1个）

临沧长毛山羊：地方品种。据记载，原产于云南省临沧县、大理市等地区，1980年存栏约0.5万只。

（5）马（1个）

襄汾马：培育品种。据记载，培育地为山西省。

23 经县市普查初步确认的灭绝品种怎么办？

通过全面普查，如果一个品种只有单一性别可繁殖个体或者没有纯种个体，基因库也没有保存可恢复该品种种群的遗传材料，如冷冻胚胎等，可判定为该品种已灭绝。经县市普查初步确认灭绝的，省级普查机构应组织有关县市和单位进行回溯调查，经专家论证和综合研判后，形成已知品种普查未发现有关情况报告，上报第三次全国畜禽遗传资源普查工作办公室。调查范围既要覆盖该品种的原产地及周边县市，也要覆盖有可能存在的区域。

全国畜禽遗传资源普查办公室组织有关省份和全国畜禽遗传资源普查专家组进行回溯调查，经充分论证和综合研判后，形成品种灭绝情况报告，呈报农业农村部。农业农村部根据有关规定予以确认，并以适当形式公布。未经授权，有关单位不得擅自公布畜禽品种灭绝情况。

24　对各地普查未发现的已知品种怎么办？

对各地上报的普查未发现的已知品种，第三次全国畜禽遗传资源普查工作办公室（简称"全国普查办"）将列出清单，与2006—2009年第二次全国畜禽遗传资源调查未发现品种一起进行回溯核查。这项工作很重要，一定要调查清楚该品种到底还有没有，不能出错。回溯核查中，省级普查办把"第一道关"，组建专项工作队伍，扩大核查范围，采取常规调查、分子鉴别等方式方法，对未发现品种进行再审查再确认。全国普查办把"第二道关"，在全国范围内进行回溯调查，经专家组研究论证后，并报农业农村部。第三次全国畜禽遗传资源普查未发现品种情况，由农业农村部以适当方式统一对外发布。任何单位和个人未经许可不得擅自对外发布畜禽遗传资源濒危、灭绝等状况信息。

25　"同名异种"如何进行普查登记？

"同名异种"现象指的是在畜禽品种命名上受历史原因和条件限制，把一定分布区域内的畜禽，统一称为一个品种名字。如青藏高原地区的鸡、猪、羊等，笼统称为藏鸡、藏猪、藏羊等。第三次普查要求不漏一个行政村、不落一个品种，要借助这个契机，积极推动解决同名异种的问题，通过调查和精准鉴定，对跨地区分布的品种进行科学拆分。以藏羊为例，对西藏羊中可能存在同名异种的资源，如浪卡子绵羊、岗巴绵羊、多玛绵羊、阿旺绵羊等，需在进村入户时开展普查，按照新资源普查要求，做好数据记录和系统上报工作。各地省级种业管理部门要深入参与，组织专家对这些潜在新资源进行现场核查，严格把关，经初步核验后，按照《畜禽新品种配套系审定和畜禽遗传资源鉴定办法》的有关要求，准备相关的申报材料，向国家畜禽遗传资源委员会提出申请。

另外，对潜在新资源进行系统填报时，需要特别注意畜禽品种名称的统一，各级普查机构在数据审核时要严格把关，不能既报"霍尔巴绵羊"，又报"霍尔巴羊"，都是绵羊，不能出现名称不一致现象。

26 "同种异名"如何进行普查登记?

我国一些地方畜禽品种由于跨区域分布,存在着同种异名的情况。如"皖西白鹅"在河南省被称为"固始白鹅","豁眼鹅"在山东省被称为"五龙鹅"。对"同种异名"的畜禽品种,在普查登记时要按照《品种名录(2021年版)》规范填写进村入户登记表,同时做好普查数据的系统上报工作。省市等普查机构在数据审核时,要严格审核把关,不要把已明确的"同种异名"的畜禽群体作为新资源进行登记。

27 已知品种的新类群如何认定和填报?

普查中发现,已知品种的原类群划分不能涵盖现阶段该品种的所有类群,需要重新划分或增加品种类群。比如,《中国畜禽遗传资源志·马驴驼志》记载,蒙古马数量多,分布广,因各地自然生态条件不同,逐渐形成了一些适应草原、山地、沙漠等条件的优良类群,比较著名的有乌珠穆沁马、百岔马、乌审马、巴尔虎马等类群。该书里仅举了最典型的4个类群,没有介绍所有类群。但本次普查发现,内蒙古当地还有几十万蒙古马不属于以上4个类群,怎么办?

第一种解决办法是,不属于以上4个类群的蒙古马个体,普查填报时品种名称栏填写蒙古马,类群一栏不填写。第二种解决办法是,重新调整蒙古马的品种类群划分,使其涵盖所有个体。第三种解决办法是,增加新类群。认定已知品种的新类群需要在面上普查和系统调查测定的基础上,由省级普查机构组织专家论证,并提供充足的科学证据,报第三次全国畜禽遗传资源普查工作办公室研究确定。普查时,基层普查人员可在省级普查机构的指导下填报暂定的新类群。如果最终确认不是新类群,则予以退回,将其普查数据并入该品种或该品种的现有类群中。

需要强调的是,对已有品种的新类群认定要从紧从严,坚持非必要不调整、证据不足不新增,要经得起实践和科学的考验。

28　进村入户登记表如何填写?

畜禽和蜂遗传资源普查进村入户登记表是基层普查人员进村入户时，用来登记一个行政村内所有养殖场（户）养殖畜禽和蜂品种状况的，是以行政村为单位，按养殖场（户）分品种进行调查登记。畜禽和蜂遗传资源普查进村入户登记表不需要在信息系统中填报。

登记的主要内容有：户主姓名（或养殖场全称）、饲养的品种名称、品种类群（若有则填写）、群体数量、种公畜和能繁母畜数量、饲养方式，其他信息可填写在备注栏。填写时，应注意以下事项：

（1）不需要在信息系统中填报，由进村入户的普查员签字后，按要求存档，以备核查验证，一般保存3年。

（2）本次普查实行零报告制度，经调查或核实确认没有畜禽和蜂遗传资源养殖的，可在无资源的□内打"√"。

（3）经调查确认有畜禽和蜂遗传资源养殖的，应按照要求填写相应内容。

——已知品种的名称按《品种名录（2021年版）》和《中国畜禽遗传资源志·蜜蜂志》（2011年由中国农业出版社出版）规范填写，不填写曾用名、俗名等。

——品种内有不同类群的，如海南猪分为临高猪、屯昌猪、文昌猪和定安猪4个类群，则应分类群进行调查登记。类群的划分以《品种名录（2021年版）》和《中国畜禽遗传资源志》为核。

若已知品种出现新类群，在备注栏标明，由省级普查机构组织专家初步筛选和鉴定后，报第三次全国畜禽遗传资源普查工作办公室。

——群体数量只登记纯种个体，包括仔畜、雏禽和成年畜禽（含阉割的）。其中，断奶前的幼兔和仔水貂不统计在群体数量里。

——配套系只登记祖代群体数量，且按父系和母系分别登记群体数量，不统计父母代和商品代群体数量。

——在登记群体数量的基础上，传统家畜和特种家畜还应登记种公畜和能繁母畜数量，登记的某一品种种公畜和能繁母畜数量之和一定小于等于其群体数量。

能繁母畜是指已经达到生殖年龄有生殖能力的母畜，无论是否配种受胎，均应算作能繁殖的母畜。母畜生殖年龄的标准一般是：1.5 岁以上的牛，2 岁以上的驴，2 岁以上的马，8 月龄以上的猪，1 岁以上的羊。

——饲养方式，根据调查实际情况，畜禽填写散养或集中养殖，蜂填写定地放蜂或转地放蜂。某一畜禽品种的群体数量，其登记的散养和集中养殖数量之和应等于登记的群体数量。某一蜂品种的群体数量，其登记的定地和转地放蜂数量之和应等于登记的群体数量。

（4）填表时应字迹工整、清晰可辨。所有人员不得擅自修改原始数据。发现有关原始数据确有错误的或统计调查对象要求修改的，应责成有关调查对象更正或补填报表。

29 为什么要普查登记饲养方式，什么是散养，什么是集中饲养？

通过调查登记饲养方式，旨在了解掌握该品种保护利用方式及其主体情况，为下一步开展系统调查和性能测定做准备。生产实践中，畜禽饲养可分为散养和集中饲养。关于散养和集中饲养，目前没有统一的科学定义。为规范畜禽散养和集中饲养调查登记行为，本次普查做如下定义。

散养是指自然人（包括农区农户和牧区牧民）饲养少量或一定数量畜禽的生产方式，没有严谨科学的保种及选育方案，是自然生产的过程。散养的划分依据以养殖主体的身份为主，不以养殖数量多少为主，自然人划为散养户。比如，在西藏等牧区，一个牧户往往饲养上千只羊、上百匹马、上百头牛等，调查登记时应将其填写为散养。

集中养殖是指养殖企业、专业合作社、家庭牧场等法人单位饲养一定数量畜禽的生产方式，具有相关科学严谨的保种及选育方案。

30 如何判别纯种和杂种?

准确鉴别品种对不对、纯不纯,是影响本次普查质量的重要因素,一般采取外貌特征观察与佐证材料查验相结合的方式(图3)。首先要了解本地养殖品种情况,学习国家畜禽遗传资源数字化品种名录(可从中国畜牧兽医信息网 http://www.nahs.org.cn 下载)、品种标准、《中国畜禽遗传资源志》等资料,熟悉已知品种的特征特性。然后进行外貌特征观察,与品种名录、品种标准、志书内容等比较,走访请教当地的"土专家"、养殖能手等,结合养殖历史、引种证明、购货发票、系谱资料、养殖档案、性能测定记录等综合判定。品种鉴别中实在拿不准的,可咨询分片包区的指导专家,有条件的地方可进行分子试验鉴定。

根据农业农村部印发的畜禽遗传资源普查方案要求,本次普查只登记纯种,不统计杂种。各省(自治区、直辖市)可根据工作需要在农业农村部普查要求的基础上,自行决定是否普查登记杂种,普查登记的杂种信息本省留存即可,不需要上报第三次全国畜禽遗传资源普查工作办公室。

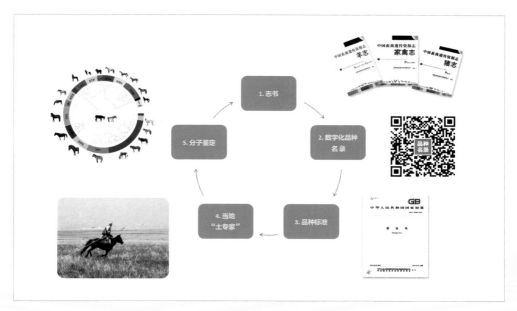

图3　品种鉴别技术方案

31 如何辨别纯种蜂和杂交蜂?

处女王空中婚飞、一雌多雄及偏好与异种雄蜂交尾的生殖方式导致自然状态下人类无法控制处女王与何种雄蜂交尾,因此蜂种混杂比较普遍。普查工作中基层技术人员难以确定当地蜜蜂是否为纯种,可以参考以下标准:

(1)地方品种 包括中华蜜蜂、东北黑蜂、新疆黑蜂、珲春黑蜂、西域黑蜂、浆蜂等,凡上述蜂种分布区范围内的行政区域填报的,均可认定为纯种;反之则为杂交种,无须填报(国家蜜蜂基因库填报的新疆黑蜂和东北黑蜂除外)。

(2)引进品种 除基因库、保种场外,各地的引进品种可视为杂交种,无须填报。

(3)配套系 仅限于培育单位所在地区填报,其他地区的为子代杂交种,无须填报。

32 如何填报畜禽和蜂遗传资源普查信息登记表?

乡镇畜禽和蜂遗传资源普查信息登记表是在畜禽和蜂遗传资源普查信息入户登记表的基础上,以乡镇为单位,以其所辖的行政村为基本单元,分品种分类群汇总形成的,需要在信息系统中填报,同时签字后的纸质表格存档在县级普查机构,保存3年,以备数据核查。谁来汇总填报乡镇畜禽和蜂遗传资源普查信息登记表信息,由县级普查机构根据省级普查机构有关要求和当地普查组织形式自行决定,前提是数据汇总填报准确无误,可以委托乡镇畜牧兽医站(中心)填报,也可以由县级普查机构组织有关人员填报。

县级畜禽和蜂遗传资源普查信息汇总表是在乡镇畜禽和蜂遗传资源普查信息登记表的基础上,由信息系统自动生成,县级普查人员根据普查实际情况,在有无保种单位以及保种单位级别的选项□内打"√",审核无误后上报。

市级畜禽和蜂遗传资源普查信息汇总表是在县级畜禽和蜂遗传资源普查信息汇总表的基础上由信息系统自动生成,经市级普查机构审核无误后上报。

省级畜禽和蜂遗传资源普查信息汇总表是在市级畜禽和蜂遗传资源普查信息汇总表的基础上由信息系统自动生成，经省级普查机构审核无误后上报第三次全国畜禽遗传资源普查工作办公室。

33　如何填报蚕遗传资源信息登记表？

由省级普查机构组织有关人员填报，内容包括分类、品种名称、保存单位名称、保存地址、备注等。

（1）分类　填写家蚕（地方品种）或家蚕（培育品种）、家蚕（引入品种）、柞蚕（地方品种）、柞蚕（培育品种）、柞蚕（引入品种）、蓖麻蚕、天蚕、栗蚕、琥珀蚕等。

（2）品种名称　填写某一分类下的具体品种。

（3）保存单位　填写该品种在本省的所有保存单位。

（4）保存地址　填写每个保存单位的具体保存地址，没有保存单位的，如野外新发现的蚕种，只填写保存地址，要求细化到行政村。

34　猪遗传资源普查的注意事项有哪些？

（1）种公猪是指具有种用价值、符合种用要求的公猪。

（2）能繁母猪是指达到性成熟年龄且有繁殖能力的母猪，包含留作种用的后备母猪。

（3）群体数量是指某一品种所有纯种个体的总和，包括纯种的仔猪、保育猪、育肥猪（含去势公猪）、种公猪和能繁母猪等。二元猪、三元猪或其他杂交猪不统计在内。

（4）散养的划分依据以养殖主体的身份为主，不以养殖数量多少为主，自然人划为散养户。集中养殖是指养殖企业、专业合作社、家庭牧场等法人单位饲养一定数量生猪的生产方式，一般具有相关科学严谨的保种选育方案。

（5）对容易混淆的地方品种猪要按照产地分布、品种特征、性状表型等进行综合判别。引入品种猪要按照引种信息、系谱记录等判别品种类型和纯种与杂种。

35 牛畜群结构中能繁母牛和种公牛如何定义？

畜群结构包括畜种构成和畜群构成两个方面。畜种构成是指畜群中各类牲畜的构成比例，如牛、羊、猪的构成比例。畜群构成是指不同品种、不同年龄、不同用途的同类畜所占比例，即适龄母畜、后备畜和其他畜的构成情况。它决定着畜群质量、生产周期、经济效果和商品率的高低。

牦牛：能繁母牛是指具有繁殖能力的母牦牛，一般年龄在3岁以上。种公牛是指具有配种能力的公牦牛，一般年龄在4岁以上。

水牛：能繁母牛是指具有繁殖能力的母水牛，一般年龄在2.5岁以上。种公牛是指具有配种能力的公水牛，一般年龄在3岁以上。

其他牛：能繁母牛是指具有繁殖能力的母牛，一般规模化养殖条件下（如奶牛）能繁母牛年龄在1岁以上，散养或放牧条件下（如黄牛）能繁母牛年龄在1.5岁以上。种公牛是指具有配种能力的公牛，种公牛站等专门养殖条件下种公牛年龄在1岁以上，散养或放牧条件下种公牛年龄在1.5岁以上。

36 如何鉴别填报西门塔尔牛和中国西门塔尔牛、荷斯坦牛和中国荷斯坦牛？

西门塔尔牛和荷斯坦牛都是国际上著名的品种，在我国的饲养量很大，且我国仍经常从国外引入这些品种的优秀种牛。同时，利用这些引入品种，我国科学家经过长时间选种选育，培育形成了中国西门塔尔牛、中国荷斯坦牛本土品种。在面上普查、系统填报和数据审核时，普查人员要认真查阅养殖场户的进口审批、引种证明以及种畜禽生产经营许可证等相关材料。如果是国外进口的荷斯坦牛或西门塔尔牛，应提供相关的证明材料，核实后按照西门塔尔牛和荷斯坦牛等引入品种进行系统填报和审核；如果没有相关证明材料，则按照中国荷斯坦牛和中国西门塔尔牛等培育品种进行系统填报和审核。

37　羔羊、育成羊、育肥羊等如何开展普查登记？

羔羊、育成羊、育肥羊是肉羊饲养过程中不同阶段的定义。根据第二次全国畜禽遗传资源普查的实施方案要求，此次普查是对畜禽、蜂和蚕遗传资源的摸底调查。普查人员进村入户开展现场普查时，应首先鉴别是不是纯种，纯种的需要进行普查登记，羔羊、育成羊、育肥羊等都应统计在内，杂交品种的不需要进行登记。还需注意一点，育肥羊在不同时间出现流通变化的，如出栏销售，则以普查员进村入户现场普查时间为节点，开展养殖场（户）饲养畜禽数量登记。

38　我国驴品种如何分类，其品种有哪些？

根据体高可将我国驴品种分为大型驴、中型驴和小型驴，大型驴的体高一般大于130cm，小型驴的体高一般小于110cm，体高介于110～130cm的为中型驴。大型驴品种有广灵驴、晋南驴、德州驴、关中驴、和田青驴、吐鲁番驴等。中型驴品种有阳原驴、临县驴、泌阳驴、庆阳驴、长垣驴、佳米驴、西吉驴等。小型驴品种有太行驴、库仑驴、苏北毛驴、淮北灰驴、川驴、云南驴、西藏驴、陕北毛驴、凉州驴、青海毛驴、新疆驴等。

39　如何辨别驴品种？

部分驴品种特别是同一类型不同品种之间的表型差异并不显著，在普查中可参考以下因素确定其品种：

第一，根据驴的类型和产地推测其是什么品种。

第二，查看养殖场、个体户的生产档案，以个体标识、品种登记、引种育种记录等确定其品种。

第三，没有生产档案和引种记录的，如果有分子检测结果，遵从分子鉴定结论；如果没有，通过产地、来源地、品种特征和养殖场意见等，综合判断其品种。

第四，对于相对封闭区域如西藏、青海等青藏高原区域散养农户个体，如果符合当地驴品种外貌特征的，可归属本地品种。

第五，对于蒙东辽西、黄淮海流域、南疆、鲁西南等驴交易流动性大，品种混杂区域的散养个体，可根据引种历史和我国驴品种的典型外貌特征判断其品种。

40 如何根据毛色鉴别驴品种？

毛色是判断驴品种归属的重要外貌特征。驴的毛色没有马的毛色那样复杂，基本可以归为5种颜色，即黑色、灰色、青色、苍色和栗色。准确地分辨毛色，有助于鉴别驴的类型、品种。

（1）黑色 又分为粉黑、乌黑和皂角黑3种。

①粉黑：我国除了和田青驴以外的所有大型驴和部分中小型驴都有粉黑毛色，根据品种、产地不同，民间又有"三粉驴""黑燕皮""四眉驴"等称谓。

②乌黑：原产于山东、河北的德州驴有此毛色，是德州驴"乌头"类型的特征毛色。在分布区特别是河北等地又称其为渤海驴、滨海黑驴等。

③皂角黑：中型、大型驴中有此毛色，稀少，在喀什等地多见于尚未定名的"疆岳驴"（商品名称），对此毛色个体，维吾尔族群众比较喜爱。

（2）灰色 灰驴是小型驴的典型毛色，是新疆驴、青海毛驴、川驴、苏北毛驴、太行驴、库伦驴等12个品种的主毛色，也是20世纪80年代我国驴种资源中最大的群体。一般而言，灰色驴还同时具有背线、鹰膀、虎斑等特征。

（3）青色　青色可以分为两种，一种是白青毛，和田青驴就属于此种毛色；一种是白毛，为隐性基因纯合所致，其蹄子往往也是白色。

（4）苍色　苍色多见于中小型驴种，被毛、长毛均为青灰色，但是不呈现"三粉"特征。在实际调查中应注意与灰色"鼠灰"的区别。

（5）栗色　栗色有红栗、铜栗、驼栗等，关中驴、泌阳驴、新疆驴等品种及其杂交后代中有此毛色，稀少。

41　兔普查的注意事项有哪些?

（1）群体数量　断奶之后的所有公母兔数量。

（2）能繁母畜数量　只统计用于繁殖下一代的种母兔或留作种用的后备母兔。不包括用于商品生产的母兔。

（3）种公畜数　只统计用于繁殖下一代的种公兔或留作种用的后备公兔。不包括用于商品生产的公兔。

（4）配套系　兔配套系只统计祖代。对于多年没有再次引种的引入配套系，确定群体已不存在的，不需要填报。

42　如何鉴别纯种兔和杂种兔?

面上普查时，一些纯种家兔和杂种家兔从外形上很难鉴别其是纯种还是杂种，即使是纯种，有时仅从外形上也较难判定是哪个品种，如苏系长毛兔和皖系长毛兔，外形基本差不多。要科学鉴别纯种还是杂种，一是查阅引种证明材料。二是了解引种后是否存在与其他品种进行过杂交；是否与其他养殖场交换过其他品种的种兔，尤其是种公兔；是否利用其他养殖场户不同品种种公兔的精液进行过人工授精等。核实准确后即可鉴别是纯种还是杂种。

43 家禽普查的注意事项有哪些？

（1）家禽普查时只需要填报群体数量，不区分公母。

（2）对容易混淆的地方品种，要按照产地分布、品种特征、性状表型等进行综合判别。引入品种要按照引种信息、系谱记录等判别品种类型和纯种与杂种。

（3）配套系只统计祖代。对于连续5年以上没有持续引种的配套系，可初步判断其祖代群体已基本不存在了，可不填报。如果引入配套系的各代次区别不明显，目前国内仍能正常繁殖，则需要普查填报。

44 特种家禽主要普查哪些品种？

特种家禽主要普查火鸡、珍珠鸡、雉鸡、鹧鸪、番鸭、绿头鸭、鸵鸟、鸸鹋。

（1）火鸡　主要包括闽南火鸡、尼古拉斯鸡、青铜火鸡、BUT火鸡、贝蒂纳火鸡。火鸡原产于美国和墨西哥。20世纪80年代以来，我国先后从国外引进4个优良火鸡品种，丰富了我国火鸡遗传资源。目前，我国火鸡主要分布在广东、福建和广西等地。火鸡生长快、个体大、肉嫩味美、营养丰富、食草节粮。

（2）珍珠鸡　原产于非洲大陆西海岸的肯尼亚、几内亚等地。我国最早于1956年从苏联引入并饲养成功，主要分布在广东、广西、山东、上海、安徽和河南等地。

（3）雉鸡　主要包括中国山鸡、天峨六画山鸡、左家雉鸡、申鸿七彩雉、美国七彩山鸡。雉鸡体型较家鸡略小，但尾羽较长，脚强健，善于奔跑。我国各地均饲养雉鸡，以山东、广东、上海、广西、河南、吉林等地为主。

（4）鹧鸪　目前我国人工饲养的主要是美国鹧鸪，分布于广东珠江三角洲、上海、江苏和浙江等地。

（5）番鸭　主要包括中国番鸭、温氏白羽番鸭1号、番鸭、克里莫番鸭。中国番鸭最初是由荷兰、东南亚等地经我国台湾传入福建，然后向各地扩散，现已形成福建番鸭、海南嘉积鸭、云南文山番鸭、贵州天柱番鸭、湖北阳新番鸭等5个地方类群。

（6）绿头鸭　原产于美国，20世纪80年代引入到上海、江苏、浙江等地，目前主要分布在湖北、河南、吉林、辽宁、黑龙江和河北等地。

（7）鸵鸟　主要包括非洲黑鸵鸟、红颈鸵鸟、蓝颈鸵鸟。一般指非洲鸵鸟。20世纪80年代以来，我国先后从美国、肯尼亚、法国等国家引进鸵鸟，主要分布在广东、甘肃、河北、河南和陕西等地。

（8）鸸鹋　原产于大洋洲，是世界上第二大鸟类，仅次于非洲鸵鸟。我国早期主要养殖于动物园，广东省自1989年开始人工规模养殖，现主要分布于广东、山东、陕西、新疆和内蒙古等地。

45　水貂如何普查？

水貂需要普查的品种本底有10个，其中，国内培育品种有8个，分别是吉林白水貂、金州黑十字水貂、山东黑褐色标准水貂、东北黑褐色标准水貂、明华黑色水貂、米黄色水貂、金州黑色标准水貂和名威银蓝水貂；引入品种2个，分别是短毛黑色水貂和银蓝色水貂。水貂品种之间的杂交比较普遍，普查时需要查看引种记录，如果引进的是纯种，则需要普查；如果品种之间有杂交，比如用短毛黑色水貂改良金州黑色标准水貂，或用引入品种改良国内的培育品种，则为杂交种，不在普查范围。从丹麦引进的咖啡色水貂、红眼白水貂等不在《品种名录（2021年版）》中，这些引入品种属于遗漏品种，可从新资源途径填报相关内容，并注明"引入时的品种名称（填写引进时国家审批文件中的名称），国家哪个部门批准引入的（按批准文件填写）；引入单位的地址和单位名称，联系方式，引入时的饲养地点；引入的数量（包括年龄、公畜和母畜的数量）"。如果养殖的引入品种从国内养殖企业购进，则需要填写引入品种名称、从哪个企业引入、引入数量等。

46 北极狐如何普查？

目前我国饲养的北极狐品种全部为引入品种，分两个类群，一个是20世纪50年代和80年代从美国、加拿大引进的体型较小的北极狐，收录在《品种名录（2021年版）》，需要普查登记；另一个类群是20世纪90年代从芬兰引进的体型较大的北极狐，未收录在《品种名录（2021年版）》，按遗漏品种普查登记，可从新资源途径填报相关内容，并注明"引入时的品种名称（填写引入时国家审批文件中的名称），国家哪个部门批准引入的（按批准文件填写）；引入单位的地址和单位名称，联系方式，引入时的饲养地点；引入的数量（包括年龄、公畜和母畜的数量）"。如果是用芬兰北极狐改良从美国、加拿大引入的北极狐，则是杂交种，不在普查范围。

47 本次蜂普查的品种本底知多少？

据《中国畜禽遗传资源志》（2011年中国农业出版社出版）、近年来国家审定鉴定通过的新品种、配套系和新资源和农业农村部审批引入品种统计，本次普查的蜂品种本底有38个。其中，地方品种14个，培育品种8个，引入品种8个，其他蜂遗传资源8个。通过普查，要调查清楚这些蜂品种还有没有，有多少，分布在哪儿。普查的重点是地方品种。

（1）地方品种　北方中蜂、华南中蜂、华中中蜂、云贵高原中蜂、长白山中蜂、海南中蜂、阿坝中蜂、滇南中蜂、西藏中蜂、浙江浆蜂、东北黑蜂、新疆黑蜂、珲春黑蜂、西域黑蜂。

（2）培育品种　喀（阡）黑环系蜜蜂品系、浙农大1号意蜂品系、白山5号蜜蜂配套系、国蜂213配套系、国蜂414配套系、松丹蜜蜂配套系、晋蜂3号配套系、中蜜一号蜜蜂配套系。

（3）引入品种　意大利蜂、美国意大利蜂、澳大利亚意大利蜂、卡尼鄂拉蜂、高加索蜂、安纳托利亚蜂、喀尔巴阡蜂、塞浦路斯蜂。

（4）其他蜂遗传资源　大蜜蜂、小蜜蜂、黑大蜜蜂、黑小蜜蜂、熊蜂、无刺蜂、切叶蜂、壁蜂。

48　蜂普查注意事项有哪些？

（1）定地和转地的界定　转地放蜂是蜂场在养蜂生产中为了追花逐蜜而搬迁蜂群的过程，转地放蜂要根据计划按照蜜源衔接情况进行。但仅仅是机械地搬迁蜂场，例如，从村东头搬到村西头，不能定义为转地放蜂。定地放蜂是指蜂群一直在一个固定的场所饲养，不进行搬迁。在生产实际中，转地放蜂多以西蜂蜂群为主，中蜂多为定地饲养。

（2）转地放蜂的普查　蜂群可在转地放蜂所在地参加第三次全国畜禽遗传资源普查。

（3）群体数量　某一蜂品种的群体数量，其登记的定地和转地放蜂数量之和应等于登记的群体数量。

（4）品种判别　对容易混淆的地方品种要按照产地分布、品种特征、性状表型等进行综合判别。引入品种要按照引种信息、系谱记录等判别品种类型和纯种与杂种。

49　蜜蜂引入品种如何普查？

现在国内蜜蜂的引入品种有：卡尼鄂拉蜜蜂、喀尔巴阡蜜蜂、高加索蜜蜂、欧洲黑蜂、远东黑蜂、安纳托利亚蜜蜂、意大利蜜蜂、美意蜜蜂、澳意蜜蜂、黑美意蜜蜂，保存于蜜蜂基因库和少数保种场内。

意大利蜜蜂是我国饲养量最多的西方蜜蜂亚种，从20世纪初开始我国曾多次引入，并广泛养殖于我国绝大多数省份，形成了所谓的"原意"或"本意"。1990年以后，随着浙江浆蜂在全国范围内的推广而多数已杂交或被淘汰，只有极少数保存在国内各蜜蜂原种场。在资源普查过程中，蜂农所称的意大利蜜蜂多为浙江浆蜂及其杂交种。美国意大利蜜蜂（美意）、澳大利亚意大利蜜蜂（澳意）

为 20 世纪 70 年代后分别从美国和澳大利亚引入的意大利蜜蜂高产品系,是良好的育种素材,目前纯种只在少数种蜂场中保存,生产群多为杂交种。

国内卡尼鄂拉蜜蜂(卡蜂)蜂群数量仅次于意大利蜜蜂,卡蜂蜂王、雄蜂与工蜂体色为黑色或深褐色。近年来卡蜂以其产蜜量高、饲料消耗低等特点被我国转地蜂场广为使用,但多数蜂场会混有意大利蜜蜂血统。对该蜂种普查时应着重鉴定是否为纯种。鉴定方法可提脾观察,如蜂脾上存在不同体色的工蜂,即可判定为杂种。但北方地区部分蜂群可能混有高加索蜂、喀尔巴阡蜂等黑色蜜蜂的血统,仅凭工蜂体色无法判断是否为纯种,宜向蜂农详细询问其蜂种来源。

蜜蜂引入品种的资源普查重点应放在基因库、保种场和育种场内,且需要有引种证明,必要时还需要进行鉴定。

50 熊蜂面上普查的注意事项有哪些?

熊蜂在我国各省份均有分布,有人工饲养资源和野生资源,此次普查主要针对人工饲养的熊蜂资源。对于人工饲养的熊蜂资源,目前我国仅有兰州熊蜂、密林熊蜂、红光熊蜂、地熊蜂、短头熊蜂等蜂种处于中试生产及农业授粉推广应用阶段,其中地熊蜂的养殖最为广泛。对于野生熊蜂资源,可以优先选择保护森林生态系统的自然保护区及其周边山地,在熊蜂活动高峰季节,寻找熊蜂喜欢采集的开花植物,进行定点观察。

51 大蜜蜂、小蜜蜂、黑大蜜蜂、黑小蜜蜂面上普查的注意事项有哪些?

大蜜蜂、小蜜蜂、黑大蜜蜂、黑小蜜蜂是蜜蜂属下的不同种,属于野生蜜蜂遗传资源,国内尚无人工驯养。四种蜜蜂之间体型大小、分布区域及工蜂体色均有明显不同,资源普查时可以通过直接观察加以鉴别。普查记录应侧重于资源的分布情况及蜂种的生物学特性，对区域内种群数量不做要求。

大蜜蜂主要分布于我国云南西南部、广西南部、海南及台湾等地，常筑巢于目标明显的高大阔叶乔木树干下或悬岩下。小蜜蜂分布于我国云南与广西南部，常在环境隐蔽的草丛或灌木丛离地露天筑巢。黑大蜜蜂主要分布于喜马拉雅山南麓及云南横断山脉的怒江、澜沧江、金沙江及红河流域。黑小蜜蜂主要分布于云南省西双版纳傣族自治州景洪、勐腊及临沧市沧源、耿马，在我国分布区域较小，多在稀疏的小乔木上离地露天筑巢。

52 本次蚕普查的品种本底知多少?

据统计，近年来国家和省级审定通过的、农业农村部审批从境外引入的，以及《中国家蚕品种志》（中国农业出版社，1987）、《中国柞蚕品种志》（辽宁科学技术出版社，1994）收录的，共计592个蚕品种，这是本次蚕普查的本底。其中，家蚕438个，包括地方品种199个、培育品种179个、引入品种60个；柞蚕154个，包括地方品种120个、培育品种32个、引入品种2个。另外，普查范围还包括栗蚕、天蚕、蓖麻蚕、琥珀蚕等其他蚕种资源。

53 不在蚕普查本底统计内的品种怎么办?

不在本底统计内的蚕品种，普查填报时须注明品种来源依据，是来自《中国家蚕品种志》，还是来自《中国柞蚕品种志》；是国家审定，还是省级审定、国家审批文件；是农家收集，还是野外采集；是国外引进，还是（国内）XX单位引入、XX单位育成等。普查信息系统会自动添加有关标记，与已知品种进行区别。不在本底统计内的蚕品种是否为新资源，需要经过省级蚕组专家、省级普查机构组织有关专家进行初步筛选和鉴定，可能是新资源的，需按照《畜禽新品种配套系审定和畜禽遗传资源鉴定办法》向国家畜禽遗传资源委员会（办公室设在全国畜牧总站）提出申请。

54 普查中如何避免蚕同种异名?

审定通过的不同品种（杂交组合）含有相同母种，按审定通过时的名称进行填报，同时在括号内注明原品种名称或编号，如育成品种杂交组合"黄鹤×朝霞"的亲本品种：黄鹤、朝霞（7532），"华·秋×松·白"的亲本品种：华（华峰）、秋（秋丰）、松（雪松）、白（白玉）。

55 如何开展数据审核?

各地根据实际情况，成立数据审核工作组，一般由专家、管理人员等3~5人组成。数据审核一般采取系统审核和现场抽查相结合的方式。

系统审核的主要内容有：

（1）普查区域和品种是否全覆盖。

（2）品种区域分布是否有异常。

（3）品种数量和群体规模是否有异常。

（4）新发现遗传资源信息是否准确。

现场审核的主要内容包括：对无资源区域和有资源区域应分别进行现场抽查，方式可采取座谈、走访、问卷、调阅有关资料等。抽查区域要有代表性，无资源区域抽查比例为10%以上，有资源区域抽查比例为20%以上。

56 数据审核的重点是什么?

（1）普查区域是否全覆盖，每个行政村都应有普查记录。

（2）普查品种是否全覆盖，分布在该区域的畜禽遗传资源，特别是原产于该区域的地方品种是否都普查到了。

（3）无资源区域的证明材料，有资源区域的信息登记表等，以及必要的文件、纪要记录、实物、音频影像等资料。

（4）数据的真实可靠性和逻辑关系。对普查数据进行比较和关联分析，评价普查数据的真实可靠度。

57 哪些情形需要现场核实？

需要现场核实的情形主要包括以下几种。

（1）《品种名录》收录的、但是本次普查无数据的品种，如光明猪配套系、中系安哥拉兔等。

（2）初步评估为濒危品种，如樟木牛、阿沛甲咂牛、吐鲁番斗鸡、山猪、盱眙山区水牛、苏北毛驴等。

（3）品种数量和群体规模发生重大变化的区域。

（4）普查异常数据。

（5）新发现遗传资源。

（6）需要现场核查的其他情形。

58 无资源区域的证明材料有哪些？

无畜禽资源分布的区域应提供相关证明材料，以备抽查核实。

（1）禁养区 县级以上主管部门提供的证明材料。

（2）非禁养区但无资源的区域 ①普查员签字的入户登记表；②设置无资源区域的最高级别的单位出具的证明材料；③其他可以证明无资源的材料，由省级普查办公室定义。

59 有资源区域的核查要点有哪些？

（1）畜禽和蜂遗传资源普查信息入户登记表是否有涂改，若因笔误等原因修改的，修改之处边上是否有负责人签字。

（2）品种登记名称是否规范，是否与现场核查情况一致。

（3）群体数量、结构是否真实、准确。

（4）新发现遗传资源认定是否准确。

60 第三次全国畜禽遗传资源普查信息系统访问方式是什么？

第三次全国畜禽遗传资源普查信息系统提供PC端和移动端APP两种访问方式。

（1）PC端　PC端应用仅支持火狐、谷歌、360浏览器（极速模式），不支持IE和360浏览器兼容模式访问应用系统，应用系统访问地址 https://zypc.nahs.org.cn。

（2）移动端APP　移动端APP仅支持安卓系统手机，不支持苹果系统手机。

用户登录PC端应用系统，完善个人信息后，使用微信扫一扫，扫描下图二维码下载APP安装包，安装后输入用户名、密码即可登录使用。

61 如何通过信息系统填报普查数据?

普查数据录入系统阶段必须防止普查数据在从报表转到计算机信息系统过程中出现差错。普查表在手工填报完成后,必须经过人工审核、查对无误后,才能进行录入操作,录入数据必须与普查表进行核对。有条件的普查机构可以采用一人录入、另一人负责审核的方式进行。

(1)重点核查核实《品种名录(2021年版)》统计表中的畜禽遗传资源和统计表中有但实际未找到的畜禽遗传资源。

(2)审核普查对象的统计指标计算方法是否规范正确,计算依据是否可靠,统计台账、原始记录等资料是否全面、规范,是否与单位内部有关职能部门之间相关业务、财务资料以及上报数据一致。

(3)通过普查信息系统程序审核,进行表内指标间的平衡关系和逻辑关系等检查,对发现的差错及时修改。

62 普查信息系统考核调度指标及计算方法有哪些?

(1)行政村普查率计算公式

(经普查确认无资源行政村数+有资源且在系统中已填报普查数据的行政村数)÷系统设置的该省(自治区、直辖市)的行政村总数

(2)有资源行政村填报率计算公式

有资源且在系统中已填报普查数据的行政村数÷该省(自治区、直辖市)有资源的行政村总数

(3)有资源乡镇完成率计算公式

在系统中已上报辖区内所有有资源行政村普查数据的乡镇数÷该省(自治区、直辖市)有资源的乡镇总数

（4）县级账号完善率计算公式

已完善信息且处于正常使用状况的县级账号数 ÷ 系统设置的该省（自治区、直辖市）的县级账号总数

63 普查档案管理的具体要求是什么？

畜禽遗传资源普查信息入户登记表等普查档案应在县级及以上普查机构保存3年以上。鼓励有条件的省份将入户登记表等普查档案扫描成电子版，上传至省级普查办公室统一保管。

第三部分

系统调查

64 系统调查与面上普查有何区别？

面上普查是系统调查的基础和前提，系统调查是面上普查的深入。面上普查强调的是面，以行政区划为主线，要求区域全覆盖。系统调查强调的是点，以品种为主线，要求专业、系统、全面。面上普查是查有什么品种、群体数量有多少、分布区域在哪儿。系统调查是对面上普查确认存在品种特征特性的精准鉴定，相当于"全面体检"，旨在搞清楚该品种"怎么样""好不好""好在哪里"，为发掘优质资源优良特性、加强保护利用和编纂志书提供科学、客观、准确数据。

系统调查是2022年的"重头戏"。鉴于部分特征特性测定季节性强、时间周期长，如产毛性能、繁殖性能等，鼓励有条件的地方提前安排部署系统调查和性能测定工作。

65 系统调查具体干什么？

（1）调查畜禽（蜂、蚕）遗传资源概况 包括：品种来源及形成历史、中心产区、分布区域、自然生态条件、消长形势、分子生物学研究进展、品种评价、资源保护、开发利用、饲养管理、疫病情况等。

（2）畜禽（蜂、蚕）体型外貌特征登记 包括：毛色、肤色、头部、躯干、四肢、体型特征等。

（3）生产性能测定 包括：体尺体重、生长性能、屠宰性能、乳用性能、产蛋性能、肉蛋奶毛皮品质、运动性能、繁殖性能等。

（4）品种照片拍摄和影像采集等。

系统调查结束后，填报畜禽（蜂、蚕）遗传资源概况表、体型外貌登记表、生产性能测定表等，编写调查报告。

66 怎么开展系统调查？

不同畜禽（蜂、蚕）品种的调查测定指标和方法不同。为规范调查行为，统一标准规范，第三次全国畜禽遗传资源普查工作办公室制订了33种畜禽、9种蜂、6种蚕，共计20套系统调查表，明确了每个畜种的测定指标、测定方法和测定表格及填表说明。畜禽、蜂和蚕遗传资源系统调查指标、方法和表格可从中国畜牧兽医信息网（http://www.nahs.org.cn）下载。填报过程中如有问题，可及时与第三次全国畜禽遗传资源普查工作办公室联系。

系统调查指标方法制订的原则是：

（1）科学性，既考虑了传统指标，又结合行业最新的研究进展，同时吸收借鉴前两次全国畜禽遗传资源调查的指标设置，做到传承和创新。

（2）合理性，指标设置合理、够用，不科研化，测定数量满足需求即可。个体指标和群体指标分开，同时设置必填项和可选项。

（3）可操作性，测定指标和方法与资源状况实际、资金预算相匹配，技术成熟，可操作。

（4）通用性，表格和方法尽量通用，能合并的尽量合并。

67　畜禽性能测定采取什么工作模式？

（1）测定单位和专家承担共同责任，测定单位和指导专家共同协作完成测定任务。

（2）测定单位重点要抓好畜禽组群和饲养管理，为专家提供工作条件。大多数测定单位饲养有代表性的畜禽品种个体，但技术力量比较薄弱，不能独立完成测定任务，需要专家手把手指导测定单位完成测定任务，也就是说凡是测定单位不能完成的测定任务，都由该品种的指导专家完成。

（3）专家实行技术负责制，与测定单位共同完成现场测定任务，对性能测定工作的科学性和准确性负责，负责数据分析审核、调查报告和志书编写等。

（4）按品种组建工作组，一个品种＋一个测定单位＋一名国家指导专家＋一名省级指导专家＋一名省级普查办公室联系人。在省内，组织协调工作由该品种省级普查办公室的联系人负责，具体测定工作由专家和测定单位共同完成。

指导专家专业技术强，但不饲养畜禽品种。测定实行共同责任，

68　是不是所有品种都要进行性能测定？

不是的。

系统调查的对象是经普查确认存在的畜禽、蜂和蚕的所有品种，包括地方品种、培育品种及配套系、引入品种及配套系，重点是地方品种。

一个品种有多个类群的，如华中两头乌猪有沙子岭猪、监利猪、通城猪、赣西两头乌猪和东山猪5个类群，应按类群逐一调查和测定。类群划分以《国家畜禽遗传资源品种名录（2021年版）》和《中国畜禽遗传资源志》（2011年中国农业出版社出版）为核。

跨省分布的品种（类群），原则上只安排原产地的一个省份测定，不要求所有省份都测定。其他省份可根据自身需求和省级资金情况自行决定是否开展测定。

符合下列情形的，按照有关要求进行测定。

（1）最近5年内鉴定通过的地方品种，应对照畜禽、蜂和蚕系统调查要求，按照填平补齐的原则进行测定。最近5年是指2017年1月1日至今（下同）。

（2）最近5年内审定通过的培育品种及配套系，不需要重新进行测定，可直接引用国家畜禽遗传资源委员会审定通过时的数据。

（3）在我国规模化生产中广泛应用且连续从境外引种的配套系，如海兰褐、爱拔益加等，直接引用其主要输出国家和公司的性能数据，不需要重新进行性能测定。

（4）濒危品种的屠宰测定数量由全国普查办根据实际研究确定。

69 关于畜禽配套系性能测定的安排与考虑有哪些？

（1）测定的主要目的是，想查清楚该配套系到底还有没有。有的单位普查刚开始说某一配套系没有了，一说要启动品种退出机制，又说该配套系有，不知道到底有还是没有。

（2）原来审定通过的配套系，经过多年的持续选育和推广应用，其体型外貌和生产性能有何变化，是否存在"挂羊头卖狗肉"现象，是否存在"二系变三系""三系变二系"，是否存在"黄脚的变青脚的""黄羽变麻羽"等。

（3）测定的对象是配套系的商品代。配套系为肉用型的，主要调查商品代的体型外貌、测定出栏时体尺体重、屠宰性能和肉品质，调查其祖代和父母代的繁殖性能；配套系为蛋用型的，主要调查商品代的体型外貌和产蛋性能、测定成年体尺体重和蛋品质，调查其祖代和父母代的繁殖性能。

（4）在专家安排上，本着最熟悉、最有能力、与测定单位联系最密切的原则，确定了配套系测定单位的指导专家。在一定程度上，很多指导专家就是该配套系的培育人，或者与测定单位共同培育的该配套系。

（5）鉴于配套系的培育单位都是集团公司和科研院校，比较有实力，在测定资金安排上，只安排了专家费，没有安排测定单位费用。配套系测定单位的资金由省级普查机构统筹安排，由省财政补贴或者测定单位自己支付。

（6）如果不要求测定配套系生产性能，指导专家的调查报告等任务将无法完成。

（7）需要说明的是，调查报告和编写志书是两回事，调查报告要真实、完整、全面，内容尽量多、全、准、真。志书是基于调查报告，同时根据有关要求和规定编写，做到有取有舍，形式与内容服从于志书编写总体要求。

70　畜禽性能测定单位的遴选原则是什么？

（1）地方品种优先选择原产地的国家级或省级保种单位作为测定单位。没有保种单位的，可择优选择核心育种场、原产地有代表性的种畜禽场（户）、有能力的社会组织或科研院校作为其测定单位。

（2）培育品种由其主要培育单位或核心育种场作为测定单位。培育单位无法承担测定任务的、没有核心育种场的，可择优选择有代表性的种畜禽场（户）、有能力的社会组织或科研院校作为其测定单位。

（3）引入品种的调查测定选择优势科研团队、有能力的社会组织、国家级或省级核心育种场等承担。主要考虑是，一是引入品种或者存栏数量多、分布范围广，或者存栏数量少、纯种分布区域信息相对了解的少；二是优势科研团队和社会组织比较了解某一引入品种的情况，与其育种公司、饲养单位有较密切的科研和业务联系，了解掌握该品种的国外育种水平和数据。委托他们作为调查测定单位，比较容易完成任务。

（4）测定单位由省级普查办公室择优推荐、第三次全国畜禽遗传资源普查工作办公室遴选确定。

71　指导专家遴选原则是什么？

按照专业对口、品种特长、最熟悉、最有能力、就近就地的原则，第三次全国畜禽遗传资源普查工作办公室遴选确定国家指导专家，省级普查办公室遴选省级指导专家，组建了一支老中青相结合的专家队伍。通过资源普查，发现培养一批从事畜禽遗传资源保护的青年专家，让保种事业"后继有人""人才辈出"。在工作安排上，指导专家不仅要和有关单位完成2022年畜禽品种性能测定工作，而且要为2023年编撰新版《中国畜禽遗传资源志》做好充足准备。性能测定时专家负责的品种，也是其编写志书负责的品种。因此，性能测定做不好、测不准，编写志书也会遇到麻烦。同时，原则上畜禽品种性能测定的指导专家也是精准鉴定的采样负责人。

72 性能测定经费安排的原则是什么？

凡承担农业农村部委托测定任务的有关单位和专家，中央财政将给予一定经费补助。资金性质是部门预算，支付方式是政府购买服务，要求资金承接主体具有政府购买服务资质。资金支出符合《政府购买服务管理办法》（财政部令第102号）等有关规定，单独设账，专款专用，实报实销。测定经费分测定单位补贴费和专家费两部分。专家费每个品种2万元。测定单位补贴经费：牛、马、驴、骆驼、鹿等大家畜补贴相对多一些，兔、家禽和蜂、蚕补贴相对少一些；补贴资金重点向地方品种倾斜，培育品种和引入品种补贴50%。散养品种补贴多一些，国家保种场和核心场补贴少一些。数量少且无法开展屠宰性能测定的品种补贴50%。

73 濒危品种需要屠宰测定吗？

原则上，处于濒危状态的单胎大家畜品种如牛、马、驴、鹿等，经报第三次全国畜禽遗传资源普查工作办公室同意后，可以少屠宰或者不屠宰，但多胎家畜和家禽可在短时间内通过快速扩繁扩大群体规模，仍需按有关要求进行屠宰测定。需要强调的是，畜禽品种是否达到濒危程度，不是以一个养殖场存栏多少来衡量的，是以该品种的全国群体数量和种群结构来判定的。如果一个单位拟测定品种的数量不足，但周边区域还有一定饲养量，那么这个单位可以从社会上购买一些符合要求的畜禽个体，与场内饲养的畜禽个体组成屠宰测定群。有关单位不得以屠宰贵、费用高等名义不开展屠宰测定或者少屠宰。鉴于引入马品种多为骑乘、比赛等用途，引入马品种不开展屠宰测定。

74 畜禽遗传资源概况表填写的注意事项有哪些?

（1）该表由畜禽品种分布地的省级普查办公室组织有关专家在调查的基础上如实填写，旨在为编写调查报告和志书提供基础信息。注意凡分布有该品种的省份均需填写。比如，湖羊原产于浙江和江苏，现引种推广到全国各地，除浙江和江苏需填报湖羊概况表外，其他省份也要填报。

（2）品种来源及形成历史　地方品种填写（原）产地及形成历史；培育品种及配套系填写培育地、培育单位及育种过程、审定时间、证书编号；引入品种及配套系填写主要的输出国家以及引种历史等。

（3）中心产区　地方品种、培育品种、引入品种填写该品种在本省的主要分布区域，且存栏量占本省该品种存栏量的20%以上。可填写至县级，地方品种可填写至乡镇。配套系填写商品代主要推广区域。

（4）自然生态条件　地方品种填写原产地的自然生态条件，分布在原产地之外的地方品种和培育品种、引入品种填写中心产区的自然生态条件。配套系不填写自然生态条件。

（5）群体数量　根据面上普查结果如实填写。

（6）分子生物学测定　填写近年来该品种种质特征特性的分子水平研究进展和结果，同时注明数据来源、出处、依据和时间。需要注意的是，引用的分子研究结果一定是经实践反复证明是正确的，切记引用一次性试验结果，可结合全国畜禽遗传资源精准鉴定项目结果填写。

75 畜禽体型外貌个体表与群体特征表有什么关系？

第三次全国畜禽遗传资源普查设计了两个体型外貌调查登记表，一个用于测定单位调查登记本场内畜禽品种个体或群体的体型外貌信息，由测定单位和指导专家共同调查完成，这个表是针对一个测定单位的。另一个是畜禽品种体型外貌群体特征表，旨在反映该品种的所有外貌特征信息，该表基于但不限于第一个表的登记信息，同时还要结合《中国畜禽遗传资源志》和实际情况填写。之所有要设计两个表，主要考虑是，畜禽性能测定任务由一个测定单位承担，但该单位饲养的畜禽品种群体是有限的，无法完全覆盖该品种的所有外貌特征。比如，狼山鸡有黑羽和白羽等羽色，如果承担测定任务的养殖场只有黑羽色，那么第一个表信息只反映了黑羽特征，该品种的所有羽色特征信息还需要在此基础上，由指导专家和测定单位到主产区实地调查后，填写第二个表反映出来。

76 猪性能测定表填写的注意事项有哪些？

（1）体型外貌群体特征表是基于但不限于个体登记表，结合《中国畜禽遗传资源志·猪志》和实际情况填写，要能反映该品种的整体情况。

（2）在选择猪只进行性能测定时，需按家系选择测定个体数。比如，测定体尺体重时，要求每个家系至少测定2头成年公猪、8头成年母猪。如果家系情况不明，要求测定成年公猪20头以上、成年母猪50头以上；成年公猪不足20头的，测定全部成年公猪。

（3）测定猪只生长发育时，地方品种、培育品种和培育配套系适用一个表，引入品种和引入配套系适用一个表。其中，引入品种和引入配套系可以选择校正达100kg的日龄、背膘厚和眼肌面积，也可以选择校正达115kg的日龄、背膘厚和眼肌面积，二选一即可。

（4）采用6分制法对猪肉肉色和大理石纹进行评分。

（5）公猪采集信息个体登记表　公猪要利用调查当年的信息。

（6）母猪繁殖性能个体登记表　母猪要利用当年及历史繁殖记录信息。

77 用B超测定猪背膘厚、眼肌高度和眼肌面积的注意事项有哪些？

首先是测定时间，尽量保证测定的时间在相同时间段，减少因为时间段不同造成的环境误差。其次是站姿，测定时要让猪只保持背腰平直的自然站立姿势，不同的姿势和身体状态会影响肌肉的着力点和着力方向，从而影响肌肉的轮廓，使测定的眼肌面积、眼肌高度甚至背膘厚数据发生变化。再者是探头位置，活体测定背膘厚的探头位置在左侧倒数3～4肋骨之间，距离背中线5cm处，探头垂直接触的皮肤处，切忌用力按压，使测定处皮肤严重变形，影响测定数值。活体背膘厚测量的起点为B超图像中最上端亮白弧线顶部的上缘（通常为弧线的中间），止点为眼肌上缘筋膜层形成的白色亮带中间点。背膘厚含有皮层，眼肌高度和眼肌面积含筋膜厚。猪只B超图像中背膘有2～3层，第10～11肋骨间的背腰一般为3层，当部分猪只体况发育良好充分时，可清晰地看见3层，而有的第3层膘很薄，不易被发现，常导致读取数据的起止点不一致，从而使测定数据存在较大差异，需要加以重视。

测定地方品种时，可视情况将测定位置上太多或太厚的猪毛剃除掉，以便出现清晰画面，涂上耦合剂，使探头和背中线平行进行测定。

78 测定秤是否每次都需要校正？

不仅每次种猪测定前需要对测定笼秤进行校正，每次性能测定工作的中途也需要随时观察，校正测定笼秤。电子笼秤在保存过程中，因为环境湿度、每次使用后清洗等因素，可能造成电子笼秤的感应探头工作不正常。若使用前未进行校正，很可能造成测定的数据不准确，甚至数据错误。在测定过程中，因为粪便、猪只损坏等因素，可能会造成测定笼秤的灵敏度下降，造成体重数据不准确，故在测定过程中要随时观察测定笼秤的工作情况，定时校正测定秤的准确度。若发现有体重数据异常的情况，应该立即对测定笼秤进行校正，保证数据的准确。

79 家禽性能测定表填写的注意事项有哪些？

家禽遗传资源系统调查表填写需要注意的有以下几点（以鸡为例）：

（1）体型外貌群体特征表　基于但不限于个体登记表，结合《中国畜禽遗传资源志·家禽志》和实际情况填写，要能反映品种的整体情况。

（2）生长性能测定　雏鸡不能区分公母时，混雏测定100只以上，其他周龄公、母鸡各测定30只以上。测定时间为初生至13周龄。从第0～13周，每两周测定一次体重，测定时间为第0周（初生）、第2周末、第4周末、第6周末、第8周末、第10周末和第13周末。若当地上市日龄高于13周龄，则增加上市周龄的测定。例如，某一鸡品种的上市周龄为16周龄，则需要增加测定16周龄的体重。

（3）饲料转化比计算　在最后一次测定生长性能时，需要同时测定剩余料量，用总给料量减去剩余料量计算全程耗料量，然后计算只均累计增重、只均累计耗料量和全程饲料转化比。

（4）肉品质测定　肉品质测定中剪切力、滴水损失、pH、肉色等指标，每个样品单独测定。其他指标包括水分、脂肪、蛋白、灰分等，可混样测定。按性别每5只混合成一个样品。例如，鸡的肉品质测定数量为公、母鸡各20只，20只公鸡每5只混合成一个样品后为4个样品，20只母鸡混样后为4个样品，共需测定8个样品。

（5）繁殖性能　各家禽品种要严格按照填表说明中规定的开产日龄定义计算。

80 如何正确测定家禽体斜长？

体斜长正确的测定方法是：用皮尺沿体表测量肩关节体表末端至坐骨结节间

距离。坐骨结节在尾根部，用手指可触判，见图4。

图4　家禽体斜长测量

81　鸵鸟测定的注意事项有哪些?

　　鸵鸟是大型禽类，成年鸵鸟体高2.5 ～ 3m，体重100 ～ 130kg。鸵鸟称重、体尺测量、疾病诊断、运输均需要保定鸵鸟。保定鸵鸟需要格外小心，勿伤人、伤鸟。可将鸵鸟赶入狭长的通道中，最好让与鸵鸟熟悉的饲养员参与。测量人员轻轻靠近鸵鸟，迅速抓住鸵鸟颈部，压低颈部，另一个人抓住鸵鸟喙部，迅速给鸵鸟戴上黑色头套，此时鸵鸟逐渐安静下来，可以进行测量工作。

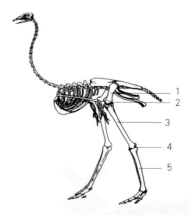

图5　鸵鸟的骨骼系统

1.股骨　2.膝部　3.胫跗骨　4.跗关节　5.跗跖骨
（中国鸵鸟养殖开发协会，2011.中国鸵鸟业）

鸵鸟腿是肌肉附着的主要部位，鸵鸟骨骼系统见图5。在调查测量时，需要注意正确区分大腿骨骼。从外观看，容易误认为胫跗骨是股骨。股骨的近端在髋臼内，远端和胫跗骨形成膝关节。胫跗骨与跗跖骨形成跗关节。髋关节只能让鸵鸟腿向前运动，膝关节可以使腿向前、向后运动。由于不容易看到此关节，往往被误认为是髋关节。

82 如何合理安排牛屠宰性能测定？

牛的屠宰测定方法要标准、统一，同时也须兼顾我国南北方地域、养殖加工等客观条件差别。为均衡考虑测定方法的可操作性，可因地制宜分如下两种方案进行：

（1）北方规模化饲养，具备屠宰、排酸条件的，在屠宰场进行。按照标准化屠宰生产线，依序屠宰放血、剥皮、去头、去蹄、去尾、内脏和生殖器剥离、分割为半胴体（二分体）、冲淋后转入4℃成熟车间排酸。排酸48～72h后进行流水线分割、测定。

（2）南方小规模饲养，不具备条件的，择地按照传统方式屠宰。根据当地传统屠宰方式，待屠宰牛只保定后，电击或者用锤击晕后屠宰放血，并收集血液称重，剥皮，去生殖器、头、蹄、尾及内脏、腹部脂肪并分别称重，电锯分割二分体后，利用机械设备挂吊二分体，冷却4～6h定型，再分割、测定。无电锯时，可沿脊柱左侧椎骨端由前向后劈开，保持断面整洁。

83 牛屠宰和肉质性状测定的注意事项有哪些？

牛的屠宰性能和肉质性状测定工作要求不一样，屠宰性能是肉用和兼用牛品种必测项目，肉质性状是选测项目，各测定单位可根据实际情况决定是否开展肉质测定工作，也可同期开展屠宰和肉质性状测定。在屠宰月龄上，普通牛、水牛、瘤牛、大额牛通常选择18月龄及以上牛只；牦牛要在36月龄及以上，建议在自然放牧状态下9—10月开展屠宰测定。在测定数量上，屠宰和肉质性状测定都要求10头以上，一般都选择公牛或阉牛，如果普查发现牛群数量较少，处于濒危状态，则减少屠宰数量。

开展大理石花纹、肉色和脂肪颜色等肉品质检测时，采取我国的肉品质评分标准。对于极个别的国外品种，如和牛、安格斯牛等，可参照国际通用的评分标准。

84　牛育肥测定时如何考虑饲料营养水平？

由于测定的牛种育肥组群时，个体的年龄、体况、育肥时间、饲养环境和饲料营养水平均会影响育肥牛只的生长发育，因此牛育肥性能测定需要重点考虑如下因素。

（1）育肥组群　选择具有品种代表性的牛只组群入栏育肥。入栏育肥牛年龄统一为普通牛、瘤牛12月龄及以上，水牛、牦牛30月龄及以上。育肥期统一为3个月以上，条件允许的可以延长。

（2）明确育肥方式和饲料营养条件　同一品种牛只育肥测定时必须指明育肥饲养环境和饲料营养条件。育肥期内每隔1个月测定育肥牛只的采食量，并采集育肥饲料样本进行常规营养组分和范氏纤维组分测定分析，根据NRC（2001）估测育肥饲料的干物质（DM）、粗蛋白质（CP）、粗纤维（CF）、酸性洗涤纤维（ADF）、中性洗涤纤维（NDF）、粗脂肪（EE）、粗灰分（Ash）、钙（Ca）、磷（P）等水平，计算育肥牛只的维持净能（NEm）和增重净能（NEg）。

85　牛乳用性能测定的注意事项有哪些？

一是乳用性能测定针对的对象是乳用牛、乳肉兼用牛和具有乳用价值的牛品种，如槟榔江水牛、荷斯坦牛、娟姗牛、新疆褐牛等。

二是产奶量和奶品质等指标，可由承担测定任务的保种单位（养殖场）和有关专家根据生产和档案记录统计填写。

三是通过调查1胎、2胎、3胎及以上的母牛，每个胎次数量为20头以上。

四是在测定乳脂率、乳蛋白率、干物质率和乳糖率等指标时，采样的方法和测定的技术规范要按照DHI实验室规程进行，确保数据统一规范。

86　牦牛性能测定与其他牛有何区别?

牦牛是我国独特的牛遗传资源，生活在青藏高原海拔3 000m以上高寒地带，既是青藏高原牧区牧民的重要生产资料，也是牧民的重要生活资料。我国现有牦牛品种20个，其中地方品种18个。对于牦牛来说，开展生产性能测定时与普通牛、水牛、瘤牛、大额牛等有所区别，主要包括以下几个方面。在体尺体重测定上，选择48月龄以上达到配种年龄的公牛和经产母牛，只测定体高、体长、胸围和管围。在生长发育登记上，测定初生重、6月龄、18月龄以及30月龄的体重。在开展育肥性状登记时，选在5—10月自然放牧状态下进行育肥测定。在开展屠宰性能测定时，选择36月龄以上的牛只，建议在自然放牧状态下的9—10月开展屠宰测定。在乳用性能测定时，测定登记5—9月153 d的挤奶量。

87　如何准确测定普通牛和牦牛眼肌面积?

普通牛一般有13对肋骨，牦牛一般为14对肋骨，特殊品种如金川牦牛部分个体有15对肋骨。因此，在测定眼肌面积时，牦牛和普通牛的测定部位是不同的。在普通牛测定眼肌面积时，是沿第11肋骨后缘将脊椎锯开，然后用刀垂直切开第12～13肋骨间肌肉，将透明卡覆盖于待测眼肌样品上，读取眼肌部位所占的方格数量，一个方格为1cm²。取方格的原则为满1/2视为一个，不满1/2不计，记录每次读取的数据，每个样品一次由同一实验人员测量三次，取平均值。也可利用硫酸纸将眼肌描样后保存，再用方格透明卡或求积仪计算。牦牛因有14对肋骨，在测定眼肌面积时，是沿第12肋骨后缘将脊椎锯开，然后用刀垂直切开第13～14肋骨间背最长肌进行测定，见图6。

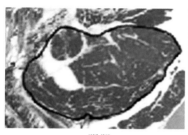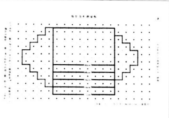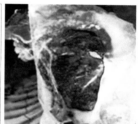

a.眼肌　　　　　　　b.方格透明卡测定　　　　c.硫酸纸描样

眼肌面积测量部位示意及测量方法（黑线内：眼肌面积）

图6　牦牛眼肌面积测量

88　牦牛是否需要测定产绒性能？

在生产实践中，除天祝白牦牛等个别品种外，大多数牦牛品种已不开展毛绒性能测定，因此，本次普查未将毛绒性能列入牦牛测定指标。鼓励有条件、有能力的地区自行开展牦牛毛绒性能测定，测定方法可参照《牦牛生产性能测定技术规范》（NY/T 2766—2015）执行。

89　牛的役用性能是否需要测定？

受我国传统的农耕文化影响，牛在我国社会文化和生产生活中的有着特殊的用途和意义。我国大部分黄牛和水牛以及部分地区的牦牛都有役用属性，《中国畜禽遗传资源志·牛志》中指出，许多牛品种的经济类型可划分为役肉兼用型品种。随着生产力水平的提高和生产方式（如机械化）的转变，牛的用途和性能已由原来役用为主向肉用为主或肉奶兼用型转变。一些地方品种被开发利用培育专门化的肉用品种或乳用品种，如南阳牛、延边牛、槟榔江水牛等，但是，原有品种的外貌特征无明显变化，在水牛中尤其明显。根据实际情况，经研究，第三次全国畜禽遗传资源普查对牛役用性能未做明确规定，也没有制订相应的测定表格和说明。各地可根据当地的牛资源利用状况，自主决定是否开展役用性能测定，评估其在不同劳作状态下的挽力、役用年限、耕作速度等。

90 羊生长发育测定的注意事项有哪些？

进行母羊生长发育测定以及成年体重体尺测定时，应尽量选择空怀母羊，怀孕母羊与哺乳期母羊体重和体尺指标变化较大，不宜作为母羊生长发育以及成年体重体尺的测定对象。如果空怀母羊数量不足，可以待母羊哺乳期结束后1～2个月，体重和体尺指标恢复稳定状态时，进行补充测定（须注明实际测定的月龄）。

91 羊产毛性能和地毯毛羊产毛性能测定有何区别？

根据品种特性和生产方向，本次普查制订了羊产毛性能登记表和地毯毛羊产毛性能登记表，在测定时要特别注意两者的区别。

一是开展测定的对象不一样。产毛性能测定是要求毛用、毛肉兼用、肉毛兼用型羊品种必须进行测定。地毯毛羊产毛性能测定则要求和田羊必测，藏系绵羊（藏羊、欧拉羊等）品种参照执行。

二是测定的指标不一致。除了剪毛量、净毛率、毛纤维直径、羊毛颜色等指标外，其他指标都不一样。产毛性能需测定羊毛长度、伸直长度、弯曲数、油汗含量、油汗颜色等指标，地毯毛羊产毛性能则需测定绒层厚度、毛辫长度、抗压缩弹性、纤维类型含量等指标。

92 羊屠宰性能和肉品质检测是否需要统一测定?

羊屠宰和肉质等测定要求与其他家畜要求一样,屠宰性能是必测项目,肉品质性状是选测项目。两个性状测定的数量要求都是6月龄或12月龄的公羊、母羊各15只。测定单位可根据每个品种的实际情况,选择6月龄或12月龄的羊只测定。鼓励有条件的单位同期开展屠宰和肉质性状测定。需要说明的是,濒危品种或存栏较少的品种,报第三次全国畜禽遗传资源普查工作办公室同意后,可酌情减少屠宰数量或不屠宰。

93 羊产绒性能测定为什么要选择周岁和成年个体?

我国具有世界上著名的绒山羊品种,如内蒙古绒山羊、辽宁绒山羊等。在开展产绒性能测定时,明确要求绒用、绒肉兼用等品种必须进行产绒性能测定。绒山羊产绒具有特殊性和季节性,我国绒山羊一般在8月以后开始长绒,到翌年3月左右停止生长,5月左右自然脱落抓绒,因此,要求产绒性能测定一般与抓绒季节配合执行。在羊只生长阶段要求周岁和成年的公羊和母羊都进行测定,数量上要求公羊各20只以上、母羊各60只以上。考虑到内蒙古绒山羊等品种的生理特点和生长发育阶段,产羔时间为每年1—3月,抓绒时间为翌年5月左右,为充分展示我国优良的产绒特性,应选择在周岁和成年两个时间节点开展性能测定。

94 羊皮用性能测定的注意事项有哪些?

本次普查拟对我国绵羊和山羊特有的皮用性能进行测定,如湖羊的波浪型花纹、滩羊的二毛皮等,并且制订了具体测定指标和方法。在开展皮用性能测定时,需要注意以下几个方面。

一是测定的品种类型多样。主要包含了湖羊羔皮、滩羊二毛皮、卡拉库尔羊羔皮、济宁青山羊猾子皮、中卫山羊沙毛皮等。

二是测定数量要求各不相同。湖羊、卡拉库尔羊和济宁青山羊要求屠宰测定出生后3d以内的公、母羔羊各15只。滩羊是在羔羊出生后35日龄左右，毛股长度达7cm时进行活体测定，要求选择3个以上测试点，每个测试点测定公、母二毛羔羊各20只。中卫山羊则选择在羔羊出生后35日龄左右，毛股长度达7cm时，对120只沙毛羔羊进行活体测定，公母各半。

三是统一测定标准方法。《畜禽遗传资源普查与测定技术方法》书中规定了湖羊羔皮等级划分、滩羊花穗类型中串子花、软大花等二毛羔羊等级评定、中卫山羊沙毛皮等级评定等有关测定指标和方法，详细列出了具体要求，便于各地统一规范开展测定工作。

95 是否可用羯羊进行屠宰性能测定？

不可以。

公羊去势（羯羊）的目的是在较短的时间内进行育肥，以换取最大的经济效益，一般羯羊长得更快，屠宰率、净肉率等结果比同月龄的正常生长公羊高，因此，用羯羊的屠宰性能数据代替公羊的数据是不合适的。

96 如何正确观察羊的初情期、性成熟年龄和初配月龄？

每个羊品种根据以往生产经验，初情期、性成熟年龄可以有大概的范围，在此基础上，测定者可根据经验，提前利用公羊试情观察母羊发情情况和公羊的爬跨情况，确定初情期；提前观察羊生殖器官的发育，生殖器官发育完全时即为性成熟年龄。初配月龄指在性成熟后，体重达到成年体重70%左右，初次配种的月龄。

97　马体尺体重测定的注意事项有哪些?

（1）测定表格由承担测定任务的保种单位（种马场）和有关专家填写。无保种场的，需要在该品种（原）产区选择3个及以上有一定空间距离的调查点进行测定。

（2）在个体选择方面，需要选择正常饲养管理条件下的成年个体。成年公、母马是指达到配种年龄的公、母马，一般公马为4岁以上，母马为3岁以上。

（3）在测定数量方面，测定成年公马10匹以上、成年母马50匹以上。每个类型至少测定2匹成年公马、8匹成年母马。如果类型情况不明，成年公马不足10匹的，需要测定全部成年公马。无保种场的，每个调查点至少测定成年公马3匹以上、成年母马15匹以上。

（4）在测定指标方面，分为体高、体长、胸围、管围和体重。其中，体高、体长须用测杖测量，胸围、管围须用软尺测量。体重即空腹重，马匹早晨未进食前测定的重量。体重应在磅秤或地秤上称量。测定的成年母马应为空怀至妊娠2个月内的个体。

（5）在填写表格时，公母要分开，母马要标注妊娠状况。

98　驴体尺测量的注意事项有哪些?

一是测量工具的选择。现有的测杖技术含量不高，且推拉不灵活，携带不方便，操作效率低，对于小型驴又存在尺度不够（最小体高为90cm）等问题，所以，在调查中可以采用激光测距仪等精准、灵敏的测量工具。

二是测量部位的量取。容易出现误差的是体长、尻长、头长、颈长等，大多是因为测量部位选择不当。在实际测量中，容易将凸胸处与肩端、尾础处与臀端、鼻孔处与鼻端、肩胛上与肩胛前缘（中间部）等测量部位混淆。

三是测量"松紧"的把握。对于胸围，既不能太松，也不能太紧，原则上在同时插入并拢的中指、食指后，软尺可以滑动为准；对于管围，要"从紧"掌握，因为管围的数值小，稍有误差，即容易"失之毫厘，谬以千里"。

四是鉴定顺序的确定。个体外貌鉴定时，要在光线好、地势平坦、安静干净的环境下进行。特别是在体尺测量时，要让饲养员等参与进来，并通过声音、抚摸头颈等方式，尽量使驴安静、放松下来，保持姿势端正。按照先外貌鉴定，后测量体尺，再进行血液样本采集等顺序进行，不可颠倒。

99 驴年龄鉴别的要点有哪些？

正确鉴定驴个体年龄是开展资源普查的基础。在没有年龄记录、标识、烙号，无法准确获知驴个体年龄时，应掌握驴年龄鉴别的基本技术要点：

一是让驴"开口"要领。单人鉴别驴的年龄时，站在驴头部左侧，左手拽缰控驴，右手食指、中指并行从切齿和白齿之间伸入口中，压住并勾出驴舌头，随手将其攥住，身体快速前移，面向驴头查看牙齿形态。

二是了解驴牙齿组成。公驴、母驴分别有40颗、36颗牙齿（不包含狼齿）。驴与马牙齿相比，最大的区别是驴的黑窝、齿坎更深，如驴永久齿下切齿黑窝13mm，马为6mm；上切齿黑窝22mm，马为12mm。要掌握驴的牙齿结构、发生规律、变化特点，切不可将马的牙齿发生规律套用在驴上，避免"驴唇不对马嘴"。

三是区分乳齿和永久齿。在实地调查中，经常会混淆驴驹与老龄驴。一般而言，从被毛、皮肤、体态等可以分辨驴驹、青年驴和老龄驴，且驴驹的乳齿整齐，小而白，齿间隙大，齿冠呈三角形；唇端饱满，方正。而成年、老龄驴的永久齿则不规整，大而黄，间隙小，齿冠呈楔形；唇端松弛，"尖嘴猴腮"。

四是掌握切齿的变化规律。关键掌握切齿发生、磨损规律，黑窝、齿坎、齿星出现、磨损规律，切齿咀嚼面形态变化规律，切齿齿弓咬合角度变化规律等。

100 兔体重体尺测定的注意事项有哪些？

测定不同时期兔的体重，一定要在停食（不停水）12h后进行，其中，母兔需要测定空怀个体。测定兔的体长时，要求被测兔背腰保持平直，既不能弓着，也不能趴着，再用直尺量取鼻端到尾根的直线距离。测定兔的胸围时，用软尺或细线紧贴肩胛后缘皮肤绕胸廓1周，毛兔如果临近剪毛，应在剪毛后进行测定。测定的数量要求在60只以上，公母各半。

101 兔产毛性能测定包括哪些指标，需要注意哪些问题？

兔产毛性能指标主要包括产毛性能和兔毛品质两大类。

产毛性能主要测定第三次产毛量、缠结毛重量和采毛后体重，据此再计算估测年产毛量、产毛率和缠结毛率。估测年产毛量为第三次产毛量乘以年采毛次数，如果91d养毛期则年采毛次数为4次，如果73d养毛期则年采毛次数为5次。产毛率为估测年产毛量与第三次采毛后体重的百分比。缠结毛率为缠结毛重量与第三次产毛量的百分比。

兔毛品质指标主要包括粗毛率、毛纤维长度和直径。需要注意以下几点：第一，毛样采集时间为第三次采毛时，采样部位为体侧部，采集重量约0.5g；第二，粗毛率测定使用万分之一克精度的电子天平进行称量，粗毛重量为粗毛和两型毛两者重量之和；第三，毛纤维长度要求测定单根纤维伸直长度，纤维既要伸直，又不能因受力而拉长；第四，毛纤维直径测定为单根纤维中段位置的直径；第五，每只兔均选取100根毛纤维来进行长度和直径的测定，统计其平均值来分别代表该兔的毛纤维长度和直径。

102 如何合理安排兔产毛性能测定？

毛用兔产毛性能测定耗费时间较长、测定指标较多，要合理安排好，才能按时完成专业调查的重要任务。一般按如下6步安排比较合理。

一是测定个体选择。选择符合品种特征、5～6月龄青年兔60只以上（多选5～10只，公母各半，以保证测定养毛期后测定数量要求），饲养在指定的性能测定单位，专人饲养。

二是预剪毛。对选择的测定个体进行统一剪毛，明确养毛期（或73d、91d），从而计算好下次剪毛测产具体日期。

三是毛样采集。养毛期结束，每个测试兔剪毛前在体侧部采集0.5g以上毛样，装袋封口，并标注品种名称、耳号、性别、年龄、采毛日期、测定单位等基本信息。

四是剪毛测产。安排3～5个技术熟练的工人现场剪毛，结束后称测每个测试兔的剪毛量、剪毛后体重和缠结毛量，记录好数据。

五是产毛性能测算。通过现场测得的产毛量、缠结毛量、采毛后体重等计算估测年产毛量、产毛率和缠结毛率。

六是品质测定。将60只（公母各半）测试兔的毛样装袋标识后，寄达第三次全国畜禽遗传资源普查工作办公室指定单位的兔毛检测实验室进行兔毛品质（粗毛率、毛纤维长度和直径）分析测定。

103 如何测定皮用兔被毛密度？

被毛密度是指每平方厘米皮肤面积内的毛纤维根数，是皮用兔重要的技术指标。被毛密度与毛皮的保暖性能有很大的关系。被毛密度越大，毛皮品质越好。考虑到现场测定的可操作性，本次普查采用感官方法进行评价，包括手感和用嘴逆毛方向吹开毛被，形成一个漩涡，在漩涡中心，根据所露皮肤的大小来决定兔毛的密度，分为优、良、中和差4个等级。被毛稠密，口吹被毛见不到皮肤，手感丰满为优；被毛丰满，口吹被毛可见皮肤0.1mm²为良；被毛稍显空疏，口吹被毛可见皮肤0.3mm²为中；被毛空疏，口吹被毛可见皮肤0.3mm²以上为差。

104　如何测定水貂（狐、貉）的体重体尺？

测量时，需要测定水貂（狐、貉）的初生窝重和仔畜初生重，测定45日龄、3月龄、6月龄、9月龄和11月龄的体重和体尺。测定初生窝重和仔畜初生重时，首先要通过产箱内的叫声或是否排出油黑色粪便，判断是否产仔。产仔后将母兽引出窝箱或母兽走出窝箱采食时，将仔兽放在托盘中称重，然后减去托盘的重量；在称重时要更换新的一次性手套或用窝箱的草搓手，以免带入异味，称重的动作要快、轻、准，不能破坏窝形。测定45日龄、3月龄、6月龄、9月龄和11月龄的体重和体尺时，将水貂（狐、貉）放入称重笼中，称取笼和水貂（狐、貉）的重量，然后再减去空笼的重量。体长的测量需要一人固定，尽量使水貂（狐、貉）处于自然伸直状态，另一人用直尺量取鼻端到尾根的直线距离。需要注意，在不同的生长阶段，测定数量要求不同，45日龄、3月龄、6月龄、9月龄为必测项，测定60只，公母各半，11月龄为选测项。初生窝重和仔畜初生重测定30窝。数据要有依据，有出处，标注来源。

105　水貂（狐、貉）遗传资源概况表中种公、种母数量和繁殖性能登记表留种公畜数和留种母畜数是不是一回事？

不是一回事。

水貂（狐、貉）遗传资源概况表中群体规模及种公、种母数量是在面上普查基础上统计出来的，其中，种公、种母是指群体数量中计划当年年底留作种用的公畜数量和母畜数量。原则上群体数量要大于种公、种母总量，但如果入户普查时已经取皮完毕，则群体数量等于种公、种母总量。繁殖性能登记表是指在性能测定时，测定场的繁殖数据，因此，种公、种母是指测定场上一年年底留种公畜数量和留种母畜数量。

106 如何描述水貂（狐、貉）的被毛特征？

被毛特征是水貂（狐、貉）的主要性状，包括被毛颜色、特征、针、绒毛的长短和被毛特征等。关于水貂（狐、貉）被毛特征不能仅限于水貂、狐（貉）外貌群体特征表里列举的，需要对成年毛皮成熟后水貂（狐、貉）的被毛特征进行描述，描述不能五花八门，不能有很强地域性的描述词句或方言。根据针毛颜色分深、中等、浅。根据针毛与绒毛的比值分为：长毛、中毛、短毛，针毛、绒毛长度比为3：2即为短毛，比值为2：1即为长毛，比长毛略短、比短毛略长为中毛。被毛特征按水貂、狐（貉）外貌群体特征登记表要求进行描述。

107 测量水貂（貉、狐）体尺体重时如何正确选取被测个体？

测定初生窝重时，选取产仔日期相同、产活仔数6只以上的毛皮动物，在产仔当日或第二天进行测定。测定45日龄、3月龄、6月龄和9月龄体重体长时，要在45日龄时随机选取出生日期相同、体重相近的公、母仔畜各50只（实际需测定数量为30只，选取50只是为了防止在饲养过程中出现疾病或死亡，影响测定工作），单笼饲养或2只合笼饲养，注射电子耳标或悬挂号牌进行标记，在3月龄、6月龄、9月龄跟踪测定所选动物的体重、体长。11月龄的体重、体长为可选项，根据测定单位的实际情况选择测定。测定体长时，保定人员要让毛皮动物平趴在平面上，使其躯体伸直，用卷（皮）尺测量鼻端到尾根的直线距离。

108 水貂（貉、狐）毛绒品质测定的注意事项有哪些？

水貂（貉、狐）毛绒品质测定部位主要包括背中部、腹中部、臀部和十字部。其中，背中部是指将皮张背面朝上平铺在桌面，鼻尖到尾根连线的中点；腹中部是指将皮张腹面朝上平铺在桌面，鼻尖到尾根连线的中点；十字部是指将皮张背面朝上平铺在桌面，两前肢基部的连线与背中线的交叉点；臀部是指将皮张背面朝上平铺在桌面，后肢基部与背中线最短连线的中点。水貂需要测定4个部位的毛绒质量，狐、貉只需要测定背中部的毛绒质量。由于毛密度需要专业部门进行测定，建议毛密度、针（绒）毛长度、针（绒）毛细度等毛绒品质的测定由测定场采集季节皮的生皮样品，统一送到专门的测定机构测定，以保证数据的准确性和一致性。

109　蜂形态测定样本采集的注意事项有哪些？

（1）样本采集　采集样本要有品种代表性，工蜂采集幼龄的内勤蜂，二氧化碳麻醉取样，确保喙自然伸展；雄蜂采集2～5日龄幼蜂；蜂王初生重、体长等指标的测量，必须采集刚刚羽化出房时的样本。视蜂种纯度和隔离等情况，如有必要，可以专门培育形态测定所需蜜蜂并标记。采集的样本需要备份，样本数量建议为测定数量的2倍以上。

（2）样本保存　采集的样本需保存于75%的酒精中，酒精需完全覆盖样本，并尽快开展形态鉴定工作，避免样本干燥，给测定工作带来误差。

（3）玻片制作　左右对称器官应取右侧测量，如右前翅、右后翅、右后足、右蜡镜等，用凡士林固定于载玻片上；测量指标起始位点的选取须准确；测量前校准显微镜标尺。

（4）样本测定　蜜蜂形态测定要求方法统一，操作要规范，测定人员要相对固定，以避免造成人为的测定误差。

110　熊蜂如何开展性能测定？

对于人工饲养的熊蜂资源，目前我国仅有兰州熊蜂、密林熊蜂、地熊蜂等蜂种处于中试生产及农业授粉推广应用阶段，其中地熊蜂的养殖最为广泛。可重点关注山东、北京、河北、吉林、辽宁、江苏、甘肃等地有饲养熊蜂的企业或个体户，调查其饲养熊蜂的品种名称、品种类型、品种来源及形成历史、饲养蜂群数量、疫病情况、饲养人员数量等信息；按照《熊蜂形态特征登记表》及其填表说明对熊蜂进行形态测定。对于人工饲养的各个品种，调查其生产性能（群均工蜂数量、群均授粉寿命）、抗逆性能（最高、最低工作温度）和繁殖性能（蜂王产卵率、蜂群成群率、群均蜂王数量、蜂王交尾成功率等）。

111 柞蚕性能测定的注意事项有哪些？

柞蚕是野外饲养的经济昆虫，受饲养环境及气候条件等因素影响很大，在性能测定过程中要重点注意以下几个方面。

（1）测定时期要统一　二化性柞蚕品种资源的性能测定、影像资料采集主要在秋季蚕、茧（蛹）期，而成虫和卵期应在春季制种期；一化性柞蚕品种资源则在春季制种期和蚕、茧（蛹）期进行。

（2）数据采集要规范　对于常规测定或调查的指标，特别是生产性能指标如全茧量、收蚁结茧率、千克卵产茧量等受气候条件、饲料条件等影响较大的指标，均应采用近3年数据的平均值。

（3）注重操作细节的把控　①在蛾体长、体幅（胸腹部最大宽度）的调查过程中，要考虑到蛾体的成熟度、排尿状况对其测定结果的影响，应随机抽取中批羽化的、晾蛾5h后的健康雌蛾和雄蛾，经排尿后进行准确测量。②在蛾寿命调查时，应将刚羽化的雌雄蛾分开放在不同的房间进行调查，以降低雄蛾的活跃程度，避免因过度活跃而影响雄蛾寿命。③在产卵速度调查时，需注意记录拆对、产卵的起始时间，然后每隔12h将产出卵用橡皮圈从产卵袋底部依次上行缠绕隔离，调查统计不同时段10个雌蛾的平均产出卵率，并以此确定产卵速度快慢。

（4）国家指导专家、省级专家和测定实施单位要加强沟通协调，对发现的新情况、新问题共同研究解决。掌握柞蚕4个变态期的各种性状表现的时间，提前做好安排，适时在性状表现期内完成调查测定工作。

112 畜禽性能测定需要调度哪些指标内容？

为动态跟踪、准确掌握各地普查测定进展，及时发现并解决工作中遇到的新情况、新问题，有必要建立畜禽遗传资源性能测定调度通报机制。就不同实施主体，调度指标内容不同。

（1）省级普查机构主要调度全省畜禽性能测定的组织实施和整体进展情况，具体包括：是否制订出台了省级实施方案，组织召开畜禽性能测定启动、部署、推进和总结会情况，举办技术培训情况，测定经费落实情况，宣传报道情况，督导、考核、约谈等情况，承担农业农村部委托测定的品种和自行安排测定的品种情况及具体进展。

（2）指导专家主要调度其履职尽责情况，具体包括：其负责的畜禽遗传资源概况表填写情况，调查报告编写情况，性能测定工作计划制订情况，现场培训、指导、测定和数据分析情况，评估测定单位提供的畜禽品种个体是否符合测定质量和数量要求等。

（3）测定单位主要调度情况为：拟测定的畜禽品种群体数量，技术力量情况，测定工作方案制订情况，具体测定地点，畜禽体型外貌、体尺体重、生产性能、繁殖性能等具体测定进展情况。

113 畜禽遗传资源调查报告主要包括哪些内容？

畜禽遗传资源调查报告是基于面上普查、性能测定、数据分析获得的资源现状、特征特点、利用价值等成果的反映。一般由标题、正文和附录组成。调查报告正文主要包括：

（1）一般情况，主要描述品种名称（含别称）及其经济类型（用途）、原产地、中心产区及分布和原产地自然生态条件。

（2）品种来源及发展，描述品种来源及形成历史、消长情况和濒危情况。

（3）体型外貌，主要描述成年畜禽的外貌特征和体尺、体重。

（4）生产性能，包括生长性能，屠宰性能，繁殖、产蛋性能，蛋/肉品质和其他（绒、肝）性能等。

（5）适应性及饲养管理要求，主要描述品种适应环境能力及其对管理、环境等的要求。

（6）资源保护与研究利用现状，介绍保种场建设、保种群体情况、综述遗传多样性、种质特性研究情况和开发利用现状（含品种标准、地理标志产品、商标等情况），列出保种场名称、地址及联系方式。

（7）资源评价，对资源的特色、优势和保护及开发利用前景进行评价。

（8）参考文献，列出撰写报告中涉及的参考文献。

（9）照片，包括畜禽个体照、群体照，以及反映其某些特殊特性的照片，如角形、大尾形、白胸月、丝毛等品种特有的外貌特征等。

附录主要列出调查人员情况，包括参与调查的单位、人员和报告编写人员、联系方式。

114 调查报告撰写的注意事项有哪些？

调查报告的基本要求可概括为八性：一是针对性。即主题明确，主要针对畜禽资源特点特性和保护利用现状，且以地方品种为主。二是全面性。即资料和信息的全面性，较"志书"的内容更为丰富，并兼具资料性。三是真实性。基于本次普查、测定的数据，并结合近期测定或科研的可信、可靠的数据。四是科学性。基于可信的资料，开展科学的分析；注重内容的专业性。五是规范性。所涉及的名称、名词、术语、度量单位、参考文献等均应规范，不能自创。六是逻辑性。不能是资料的简单堆砌，要梳理资料、综合分析，把控好数据间的逻辑关系。七是叙述性。基于客观事实，采用陈述方式描述。八是可读性。在注重专业性的同时，强调可读性。

在收集资料和撰写过程中，应避免出现以下情形：一是数据资料不全或不实，如取样没有代表性，审核不严，理解偏差，过分强调群体的均匀度等；二是资料数据简单堆砌，缺乏严密分析，如写流水账，前后矛盾，不合逻辑；三是名词、术语、单位等不够规范，甚至用方言描述。报告撰写者要眼观全局，充分了解资源状况和调查掌握相关的数据和素材，严格核实、甄别数据和素材，开展科学分析和严密逻辑论证，确保数据真实可靠，结论科学准确。

第四部分

抢救性保护及分级保护

115 为什么要组织开展抢救性收集保护？

对濒危品种实施抢救性收集保护，是当前畜禽保种最紧急的任务，不能等，不能拖。如果不采取保护措施，有些濒危品种就有可能灭绝。对此，胡春华副总理强调，我们不能犯这样的低级错误，通过普查发现畜禽濒危了，因为没有及时采取保护措施，过一段时间又灭绝了，到时候我们想保也没得可保，这是最大的遗憾。因此，对濒危品种实施抢救性收集保护，实现查保无缝衔接，被列为第三次全国畜禽遗传资源普查的五大重点任务之一。

根据农业农村部普查方案要求，2021—2023年，三年要入库保存遗传材料国家家畜基因库（设在全国畜牧总站）新增15万份以上、省级基因库新增35万份以上，实现资源保存总量跃居世界前列。截至2021年年底，国家家畜基因库保存遗传材料突破120万份，跃居世界第一。

根据普查方案要求和畜禽资源濒危状况，在充分论证和征求意见的基础上，2021年6月10日，第三次全国畜禽遗传资源普查工作办公室《关于印发省级畜禽遗传材料采集任务的通知》（畜普办〔2021〕5号），要求2022年各地抢救性收集保护80个品种，采集制作入库保存遗传材料25.6万份；2023年抢救性收集保护85个品种，采集制作入库保存遗传材料24.8万份。

116　畜禽濒危等级如何划分？

通过普查获得畜禽资源各项信息后，需要对品种资源进行濒危状况评价，以实施"一品一策"保护措施，实现应收尽收，应保尽保，这就涉及畜禽濒危状况等级划分。依据我国现行有效的行业标准——《家畜遗传资源濒危等级评定》（NY/T 2995—2016）和《家禽遗传资源濒危等级评定》（NY/T 2996—2016），畜禽品种的濒危等级划分为5级，分别是：濒临灭绝、严重危险、危险、较低危险、安全。

濒危等级划分指标是100年内种畜（禽）群体近交系数（F_{100}），5个濒危等级划分如下：

（1）濒临灭绝　$F_{100} > 0.2$；

（2）严重危险　$0.15 < F_{100} \leqslant 0.2$；

（3）危险　$0.1 < F_{100} \leqslant 0.15$；

（4）较低危险　$0.05 < F_{100} \leqslant 0.1$；

（5）安全　$F_{100} \leqslant 0.05$。

此外，如果一个品种只有单一性别可繁殖个体或者没有纯种个体，可判定为已灭绝。

根据畜禽品种濒危等级采取相应保护措施，当畜禽处于濒临灭绝状态时，应立即启动抢救性收集保护行动，确保资源不丧失；当畜禽处于严重危险状态时，应及时采取综合措施降低其濒危程度，使其得到有效保护；当畜禽处于危险和较低危险状态时，应加强动态监测与预警，根据濒危程度变化趋势，适时启动相应保护措施。

需要强调的是，畜禽濒危状况是动态变化的，需要实时监测预警。保种实践发现，一个处于安全等级的畜禽品种，因自然灾害、非洲猪瘟等重大动物疫情的影响，其濒危状况也有可能在短时间内恶化甚至灭绝。

117　如何评定家畜濒危等级？

开展抢救性收集保护的前提是，要知道哪些品种是濒危品种，明确保护对象，列出濒危品种名单。评定家畜品种的濒危等级，一般有三种方法，可根据情况选择其中一种即可。

（1）根据 F_{100} 数值进行濒危等级评定。

（2）根据有效群体含量（N_e），查表进行等级评定（表3）。

表3　家畜5个濒危等级的有效群体含量范围

畜种	濒危等级				
	濒临灭绝 $N_e <$	严重危险 $\leq N_e <$	危险 $\leq N_e <$	较低危险 $\leq N_e <$	安全 $N_e \geqslant$
猪	89.88	89.88 ~ 123.31	123.31 ~ 190.07	190.07 ~ 390.16	390.16
山羊	74.94	74.94 ~ 102.80	102.80 ~ 158.44	158.44 ~ 325.18	325.18
绵羊	64.27	64.27 ~ 88.15	88.15 ~ 135.84	135.84 ~ 278.76	278.76
普通牛	45.06	45.06 ~ 61.78	61.78 ~ 95.16	95.16 ~ 195.21	195.21
水牛	37.60	37.60 ~ 51.53	51.53 ~ 79.34	79.34 ~ 162.71	162.71
牦牛	28.26	28.26 ~ 38.71	38.71 ~ 59.57	59.57 ~ 122.10	122.10
马	32.26	32.26 ~ 44.20	44.20 ~ 68.04	68.04 ~ 139.51	139.51
驴	32.26	32.26 ~ 44.20	44.20 ~ 68.04	68.04 ~ 139.51	139.51
骆驼	28.26	28.26 ~ 38.71	38.71 ~ 59.57	59.57 ~ 122.10	122.10

注：瘤牛和大额牛参照普通牛。

例如，某个猪品种的有效群体含量（N_e）为100，则可评定该品种处于严重危险等级。

（3）根据家畜群体实际大小，查表进行等级评定。

例如：

随机留种方式下，如果某个猪品种参与繁殖的公母比例为1∶20，公猪30头、母猪600头、个体数量630头时，对照《家畜遗传资源濒危等级评定》（NY/T 2995—2016）《随机留种方式下各畜种濒危等级划分》表，则可评定该品种处于严重危险等级。

家系等量留种方式下，如果某个猪品种参与繁殖的公母比例为1∶20，公猪30头、母猪600头、个体数量630头时，对照《家畜遗传资源濒危等级评定》（NY/T 2995—2016）《家系等量留种方式下各畜种濒危等级划分》表，则评定该品种处于危险等级。

118 如何评定家禽濒危等级？

依据我国现行有效的行业标准——《家禽遗传资源濒危等级评定》（NY/T 2996—2016），家禽是指鸡、鸭和鹅等活体家禽遗传资源，评定家禽品种的濒危等级，一般有三种方法，可根据情况选择其中一种即可。

（1）根据F_{100}数值进行濒危等级评定。

（2）根据有效群体含量（N_e），查表进行濒危等级评定（表4）。

表4　家禽5个濒危等级有效群体含量范围

家畜种类	濒危等级				
	濒临灭绝 $N_e <$	严重危险 $\leq N_e <$	危险 $\leq N_e <$	较低危险 $\leq N_e <$	安全 $N_e \geq$
鸡	149.63	149.63 ～ 205.35	205.35 ～ 316.62	316.62 ～ 650.11	650.11
鸭	112.29	112.29 ～ 154.08	154.08 ～ 237.53	237.53 ～ 487.64	487.64
鹅	112.29	112.29 ～ 154.08	154.08 ～ 237.53	237.53 ～ 487.64	487.64

例如，某个鸡品种的有效群体含量（N_e）为180，则可评定该品种处于严重危险等级。

（3）根据家禽群体实际大小，查表进行濒危等级评定。

例如：

随机留种方式下，如果某个鸡品种参与繁殖的公母比例为1∶20，公鸡30只、母鸡600只、个体数量630只时，对照《家禽遗传资源濒危等级评定》（NY/T 2996—2016）《随机留种方式下各家禽濒危等级划分》表，则可评定该品种处于濒临灭绝等级。

家系等量留种方式下，如果某个鸡品种参与繁殖的公母比例为1：20，公鸡30只、母鸡600只、个体数量630只时，对照《家禽遗传资源濒危等级评定》(NY/T 2996—2016)《家系等量留种方式下各家禽濒危等级划分》表，则评定该品种处于严重危险等级。

119 如何评定蜂遗传资源濒危等级？

评定蜂遗传资源濒危等级目前主要有两种方法，可根据情况选择其中一种。

(1) 根据F_{100}数值进行濒危等级评定（表5）。

(2) 根据蜂群的有效群体含量（N_e）进行濒危等级评定（表5）。

表5 随机留种方式下蜜蜂和熊蜂濒危等级划分

指标	濒临灭绝	严重危险	危险	较低危险	安全
F_{100}值	$F_{100}>0.2$	$0.15<F_{100}\leqslant 0.2$	$0.1<F_{100}\leqslant 0.15$	$0.05<F_{100}\leqslant 0.1$	$F_{100}\leqslant 0.05$
N_e值	$\leqslant 224$	$225\sim 308$	$309\sim 475$	$476\sim 975$	$\geqslant 976$

F_{100}的计算公式：

$$F_{100} = 1 - \left(1 - \frac{1}{2N_e}\right)^t$$

式中：N_e指的是有效种群大小，t指的是100年内该蜂种的世代数。蜜蜂、熊蜂一年一个世代。100年是100代，所以式中t的值是100。

N_e的计算公式：

$$N_e = \frac{9rN_f}{9r+2}$$

式中：N_f指参加繁殖的蜂王数，r指与其交尾的雄蜂数。熊蜂蜂王只同1只雄蜂交尾（$r=1$）；蜜蜂蜂王同多只雄蜂交尾（$r>6$），所以分母中的2可以忽略。

120 抢救性收集保护主要有哪些方法？

抢救性收集保护主要有三种方法：

一是原位活体保护，就是在原产地建立保护区和保种场，适合所有畜禽品种。原产地活体保种是当前乃至今后相当长时期内最有效、最普遍的保种方式，既有利于集中管理和观察测定，又能保留对原产地外界环境的适应能力，对传承当地传统文化也将起到重要作用。缺点是需要维持一定的群体数量，受保护的品种往往只在某些性状表现突出，市场竞争力较小，保种投入较大，另外受疫病威胁和外部环境影响大。

二是异地活体保护。我国大部分畜禽品种是在原产地保护，但受疫情、禁养、城镇化等影响，有少数品种迁出原产地建场进行保护，如北京油鸡、五指山猪等。为提高保种安全水平和效率，便于组织实施抢救性和临时性保护行动，我国还建设了保存多个品种的活体基因库。例如，在江苏扬州、浙江杭州和广西南宁建立了国家鸡基因库，活体保护鸡品种40个以上；在江苏泰州和福建石狮建立了国家水禽基因库，活体保护鹅品种18个、鸭品种20个以上；在北京和吉林建立了国家蜂基因库，活体保护蜜蜂品种（系）15个以上。

三是遗传材料保存，是指通过建立基因库，利用生物超低温（一般在−196℃）冷冻保存技术，长期保存畜禽遗传材料，包括胚胎、精液、组织、细胞、DNA等，适用于家畜和部分家禽。2022年，国家家畜基因库收集保存了355个品种的遗传材料共120余万份，包括冷冻精液、冷冻胚胎、冷冻体细胞、组织、血液和DNA等，资源保存总量居世界第一。据悉，美国动物基因库现保存272个品种共115万份遗传材料。

121 遗传材料保种效率如何分析？

胚胎冷冻保存　胚胎含有种畜禽个体的所有遗传信息，保存一枚胚胎就相当于保存一个活体，能在较短时间内恢复并组建保种群，与活体保种相比，保种成本低、投入小，受疫病和外部环境影响小，是最有效的遗传材料保存方式。但受技术的限制，目前胚胎保存主要应用于牛、羊等，猪、马、驴等胚胎冷冻保种技术尚不成熟，亟待攻关。

精液冷冻保存　是家畜保种的另一种有效方式，可作为活体保种和胚胎保存的必要补充。研究表明，保存冷冻精液和胚胎能最大限度地减少质量性状等基因的丢失和防止数量性状的遗传漂变。保存精液就相当于保存种公畜禽，效率高，成本低，操作简便，但保存的精子只含有一半遗传信息，仅靠精液恢复畜禽品种有难度。目前，牛、羊、猪等家畜精液冷冻保存技术已成熟，家禽等的精液冷冻保存技术基本成熟。

随着生物技术的发展，保存其他遗传材料如血样、细胞和DNA片段等，也是畜禽保种的重要补充，具有潜在价值。但仅靠这种方式完全恢复一个品种的难度较大。

122　一个濒危品种如何实施抢救性保护？

总的思路是，宜场则场，宜区则区，宜库则库，场区库互补，活体保种和遗传材料保存相结合，综合施策。首先，开展抢救性活体保护。收集符合该品种典型特征的个体组建保种群，在原产地建立保种场或保护区。如果原产地不具备保种条件的，可在自然生态条件相近的区域进行异地活体保种。在组建保种群时，血统数和家系数对保种很关键，要尽可能多地收集没有亲缘关系的种公畜。其次，开展胚胎、精液等遗传材料冷冻保存。

例如，某个地方猪品种只有1头公猪、10头母猪，抢救性保护方案如图7所示：利用这1头公猪与10头母猪交配产生后代，按照母猪血统划分几个小群，分别与没有亲缘关系的母猪进行连续回交，建立新的公猪血统，尽可能增加三代之内彼此无亲缘关系的公猪血统数和一定数量的繁殖母猪，按照各家系等量留种方法进行保种繁育，直至保种群达到安全状况。同时，采用生物技术冷冻保存精液、细胞等遗传材料。

据悉，我国曾成功抢救诸如荷包猪、五指山猪等多个濒临灭绝的地方品种。据报道，1976年，匈牙利制订并实施国家保护基因库计划，通过保种扩群与血统扩增，成功抢救了当地濒危品种——曼加利察猪，种群规模由1975年30头恢复到2008年的6 000余头。

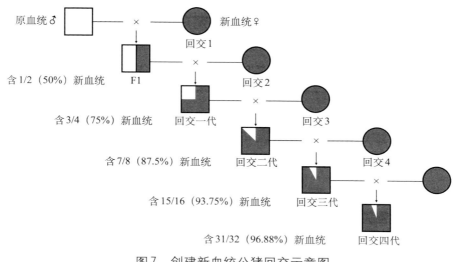

原血统♂　　×　　新血统♀　回交1

含1/2（50%）新血统　F1　×　回交2

含3/4（75%）新血统　回交一代　×　回交3

含7/8（87.5%）新血统　回交二代　×　回交4

含15/16（93.75%）新血统　回交三代　×

含31/32（96.88%）新血统　回交四代

图7　创建新血统公猪回交示意图

123　应保尽保与抢救性保护有何区别？

抢救性保护是当务之急，对象是濒危品种，目的是防止资源丧失。应保尽保是长远之策、终极目标，使珍贵、稀有、濒危品种得到有效保护，确保重要资源不丧失、种质特性不改变、经济性状不降低。应保尽保的主要任务是，落实分级分类保护制度要求，实施国家和省级两级管理，修订完善国家和省级畜禽保护名录，健全保护体系，明确保护主体，建立国家统筹、分级负责、有机衔接的保护机制，落实"一品一策"保护措施，实现应保尽保。

124　畜禽遗传资源保护的政策文件主要有哪些？

党中央、国务院高度重视资源保护和种业发展。特别是党的十八大以来，习近平总书记多次强调，要下决心把民族种业搞上去，从源头上保障国家粮食和重要农产品的供给安全。2020年12月16—18日，习近平总书记在中央经济工作会议上强调，要解决好种子和耕地两个要害，立志打一场种业翻身仗。2021年7月9日，习近平总书记主持召开中央深化改革委员会第二十次会议，审议通过《种业振兴行动方案》并强调，要把种源安全提升到关系国家安全的战略高度，集中力量破难题、补短板、强优势、控风险，实现种业科技自立自强、种源自主可控。这是继1962年出台《关于加强种子工作的决定》后，中央再次对种业发展做出重要安排部署，在我国种业发展史上具有里程碑意义。其中，资源保护是种业振兴行动方案的首要行动，资源普查是资源保护的首要任务。

2019年12月，国务院办公厅印发《关于加强农业种质资源保护与利用的意见》（国办发〔2019〕56号）。这是新中国成立以来首个专门聚焦农业种质资源保护与利用的重要文件，提出了"四个首次明确"，确立了"四大核心任务"，出台了"四大含金量高的政策"，提出了"四方面更高标准要求"，是一个既管当前又管长远的历史性纲领性文件，开启了农业种质资源保护与利用的新篇章。

2020年9月，国务院办公厅印发《关于促进畜牧业高质量发展的意见》（国办发〔2020〕31号），要求强化畜禽遗传资源保护，加强国家级和省级保种场、保护区、基因库建设，推动地方品种资源应保尽保、有序开发。2020年和2021年中央一号文件，2021年10月中共中央办公厅、国务院办公厅印发《关于进一步加强生物多样性保护的意见》，2022年2月国务院印发《"十四五"推进农业农村现代化规划》（国发〔2021〕25号），都对加强畜禽遗传资源保护提出了明确要求。

125 目前我国畜禽遗传资源保护体系建设进展如何？

根据分级保护和珍贵、稀有、濒危、重点性状等原则，在资源调查评估的基础上，农业农村部先后三次公布了国家级畜禽遗传资源保护名录。2014年2月，农业部公告第2061号公布《国家级畜禽遗传资源保护名录》确定国家级保护地方品种159个。其中，猪42个，牛21个、羊27个、鸡鸭鹅49个、马驴驼13个、其他品种7个。这些都是"国宝"，是保种的"重中之重"，是保种的"第一方阵"。同时，各地确定了省级保护品种，这是保种的"第二方阵"。

目前，我国主要采取以保种场、保护区、原产地活体保种为主，以基因库遗传材料保存为辅，宜场则场、宜区则区、宜库则库，加快构建具有中国特色的畜禽遗传资源保护体系。截至2021年年底，我国已认定国家畜禽保种场173个、保护区24个、基因库8个，共计205个。其中，猪保种场55个、保护区7个，牛保种场20个、保护区2个，羊保种场27个、保护区4个，马驴驼保种场13个、保护区5个，鸡鸭鹅保种场49个，其他保种场9个、保护区6个。初步构建了国家统筹、分级负责、相互衔接的保护体系，一批珍贵、稀有、濒危资源得到重点保护，"国宝"品种保护率达到92.5%。

目前，还有矮脚鸡、兰州大尾羊、岔口驿马等12个品种尚未认定国家级保种场和保护区。

126　保种群体越大，效果越好吗？

不一定。

保种效果主要取决于种畜禽质量和种群结构，包括种公畜、基础母畜和家系（血统）数。如果保护的个体代表性不强，家系（血统）数达不到要求，保种群体再大都没用。按照$F_{100} \leq 0.05$计算，一个保种场符合种用标准的单品种基础畜禽数量达到以下要求时才算是安全的。

猪：母猪100头以上，公猪12头以上，三代内没有血缘关系的家系数不少于6个。

牛、马、驴、骆驼：母畜150头以上，公畜12头以上，三代内没有血缘关系的家系数不少于6个。

羊：母羊250只以上，公羊25只以上，三代内没有血缘关系的家系数不少于6个。

鸡：母鸡300只以上，公鸡不少于30个家系。

鸭、鹅：母禽200只以上，公禽不少于30个家系。

兔：母兔300只以上，公兔60只以上，三代内没有血缘关系的家系数不少于6个。

蜂：60箱以上。

127 鸡活体保种技术要点有哪些？

目前，鸡保种场和基因库保种多采取家系等量留种随机选配法。保种规模：家系数不少于30个，母鸡300只以上。每个家系1只与配公鸡，1只后备公鸡，每个家系母鸡等量选留，推荐公母比例1∶10。从基础群按一定配比组建保种群家系。记录各家系公母鸡翅号，建立系谱。种蛋进行系谱孵化，雏鸡佩戴翅号。

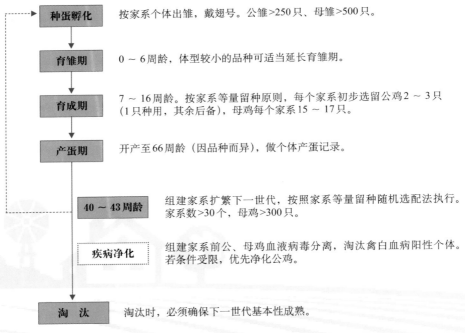

种蛋孵化	按家系个体出雏，戴翅号。公雏>250只、母雏>500只。
育雏期	0～6周龄，体型较小的品种可适当延长育雏期。
育成期	7～16周龄。按家系等量留种原则，每个家系初步选留公鸡2～3只（1只种用，其余后备），母鸡每个家系15～17只。
产蛋期	开产至66周龄（因品种而异），做个体产蛋记录。
40～43周龄	组建家系扩繁下一世代，按照家系等量留种随机选配法执行。家系数>30个，母鸡>300只。
疾病净化	组建家系前公、母鸡血液病毒分离，淘汰禽白血病阳性个体。若条件受限，优先净化公鸡。
淘 汰	淘汰时，必须确保下一世代基本性成熟。

图8 鸡活体保种技术要点

一个批次种蛋数量不足时，可以多留几个批次。鸡活体保种技术要点见图8。按照品种标准和个体表型值的高低，在上一代与配公鸡的后代中选留与配公鸡1只，在上一代每只母鸡的后代中均选留1只母鸡，用于组建新的家系。若个别母鸡无后裔，则用同家系其他母鸡的后裔（半同胞）随机递补。一年一个世代。新组建的各家系，按此循环继代繁殖进行保种，配种时避免全同胞或半同胞交配。

128 鸭和鹅活体保种技术要点有哪些？

目前，鸭、鹅保种场和基因库多采取小群体家系（单父本或多父本）等量留种的方式保种。技术要点包括：

（1）在原产地或与原产地自然生态条件一致或相近区域建立保种场。

（2）收集符合本品种外貌特征、生产性能和种用要求的个体组建保种基础群。母鸭300只以上，母鹅200只以上；单父本家系保种时，公鸭、公鹅不少于30个；多父本家系（每个家系3只公禽以上）保种时家系数不少于15个；公母配比一般鸭为1：（6～10），鹅为1：（3～6）。

（3）保种群的世代间隔，鸭1～2年，鹅2～4年。

（4）按家系间公禽轮换方式进行选配，即：将选留的公、母禽按家系分开，每个家系保留本家系公（母）禽不变，各家系的母（公）禽在不同世代间按一定顺序进行轮换。

（5）实行"家系等量留种"。

（6）保种群繁育过程中还应注意：①每个家系收集合格种蛋不少于40个，可多批次收集种蛋，并在蛋壳上清楚标注家系号，以保证所有母禽都有足够的后代。②种蛋按家系进行系谱孵化，落盘时将每个家系装入单独的出雏盘或塑料网兜，并加以标识。③出雏时选留健康且符合品种特征的雏禽，佩戴翅号，记录雏禽翅号和亲代家系号等信息。④按该品种要求做好饲养管理要求。开产前根据系谱记录，每个家系选留与上世代等量的公禽和母禽组群，每个家系要多留1～2只公禽、2～4只母禽作为备用。

129 蜜蜂活体保种技术要点有哪些?

（1）活体保种方法　中华蜜蜂采用原位（原产地）活体保护；西方蜜蜂采取原位（原产地）活体保护为主、异地活体保护相结合的保护方法。

（2）保种场地选择　保种场地有丰富连续的蜜粉源，水源洁净，自然敌害少且存在自然隔离。自然交尾隔离区半径在山区应不低于12km，在平原地区不低于16 km。

（3）群体规模　原位活体保种场的核心种群需60群以上，储备蜂群20群以上；保护区核心种群500群以上。异地活体保护的保种场核心种群60群以上。

（4）繁育方法　采用闭锁繁育的方式繁育核心种群，每世代蜂群蜂王和雄蜂等量留种，采取随机自然交尾或者混合精液等量人工授精，增加核心种群的群体有效含量和多态信息含量，防止发生遗传漂变。

（5）核心种群选留　核心种群应选择三型蜂形态特征和生物学特性符合该蜂种遗传资源特性蜂群，近交程度高（近交系数大于6.25%）及染病群应立即淘汰。

（6）保种效果监测　每两年对核心种群开展形态特征鉴定，并利用分子标记对蜂群进行遗传多样性测定，监测各世代遗传多样性变化。

130 家畜遗传材料采集制作技术要点有哪些?

主要依据是《畜禽细胞与胚胎冷冻保种技术规范》（NY/T 1900—2010）。技术要点如下：

（1）供体要求　家畜遗传材料采集供体应符合本品种特征，三代内没有血缘关系，系谱清楚，健康，无传染性疾病、遗传疾病，有检疫证明。

（2）数量要求

①冷冻精液：每个品种保存冷冻精液不少于5 000支（绵羊和山羊不少于3 000支），每个品种要求家系6个以上，公畜不少于10头（只），每个个体冷冻

精液不少于500支（绵羊和山羊、猪不少于300支）。

② 冷冻胚胎：每个品种冷冻保存体内胚胎不少于200枚，每个品种要求家系6个以上，公畜不少于10头（只），母畜不少于25头（只），每个种公畜配种获得的胚胎数不少于20枚。

③ 体细胞（成纤维细胞）：每个品种保存体细胞不少于210份，每个品种要求家系6个以上，公畜不少于10头（只），母畜不少于25头（只），每个个体体外培养第3～4代细胞6管。

（3）质量要求

①家畜冷冻精液质量要求：见表6。

表6 冷冻精液质量指标

畜种	剂型	剂量（mL）	精子活力	前向运动精子数（个）	精子畸形率（%）	菌落数（个）
牛	0.25mL 细管	≥0.18	≥0.35	≥8.0×10^6	≤18	≤800
	0.50mL 细管	≥0.40	≥0.35	≥8.0×10^6	≤18	≤800
水牛	0.25mL 细管	≥0.18	≥0.30	≥1.0×10^7	≤20	≤800
	0.50mL 细管	≥0.40	≥0.30	≥1.0×10^7	≤20	≤800
山羊	0.25mL 细管	≥0.18	≥0.30	≥3.0×10^7	≤20	≤800
绵羊	0.25mL 细管	≥0.18	≥0.30	≥3.0×10^7	≤20	≤800
猪	0.50mL 细管	≥0.40	≥0.30	≥5.0×10^7	≤20	≤800
马（驴）	0.50mL 细管	≥0.40	≥0.30	≥5.0×10^7	≤25	≤800
鹿	0.25mL 细管	≥0.18	≥0.30	≥1.0×10^7	≤20	≤800

②冷冻胚胎：胚胎冻前质量为A级，发育阶段为致密桑葚胚至扩张囊胚。

③体细胞（成纤维细胞）：每管细胞活力大于80%，细胞密度大于1×10^5个/mL，染色体分析核型正常，无病原菌和支原体。

（4）档案要求 采集畜禽遗传材料应当建立原始档案，包括遗传材料采集供体系谱资料、采集供体登记表、遗传材料采集制作记录表、疫病检测报告、供体生产性能测定数据以及供体正面、侧面数码照片各一张。

131 家禽冷冻精液采集制作技术要点有哪些？

（1）供体要求　供精公禽应符合本品种特征，系谱清楚，健康，无传染性疾病（特别是垂直性传播疾病）和遗传疾病，有检疫证明，精液质量良好。

（2）数量要求　每个品种保存冷冻精液不少于700支（0.25 mL细管）或350支（0.50 mL细管），包含30个以上家系。单个品种不足30个家系时，要采集全部家系精液。同一家系多个个体的精液可以混合制作灌装。

（3）精液采集与冷冻　通过背腹部按摩法或诱情法（鸭）采集公禽精液，避免粪便等污染，按比例向精液加入冷冻稀释液，平衡后加入含有冷冻保护剂的冷冻保护液，再次平衡后转移至细管内封口。利用程序降温仪或液氮熏蒸法降温冷冻，投入液氮长期保存。以甘油作为冷冻保护剂的冷冻精液使用前需要去甘油。

（4）质量要求　以0.25mL细管为例，每支冻精剂量≥0.18mL，解冻后精子活力≥30%，前向运动精子数≥20×10^6个，精子畸形率≤20%，菌落数≤800个。

132 蜜蜂冷冻精液采集制作技术要点有哪些？

（1）供体要求　供精雄蜂必须来源于能够代表该品种（配套系）的蜜蜂种群。蜂群健康强壮，外界气候适宜，蜜粉充足。雄蜂日龄为12～21日龄，低于12日龄和超过21日龄的雄蜂精液不宜用于冷冻保存。

（2）数量要求　种群数量必须达到60群以上。采精前，每个蜂群应加1张雄蜂巢脾集中培育采精用雄蜂。每个品种（配套系）采集精液300mL以上。

（3）精液采集　捉取飞翔排泄过的雄蜂，要求雄蜂强壮有力、腹部坚实。在雄蜂阳茎外翻过程中，切勿使外翻的阳茎球及精液接触到蜂体及操作者手指，以免造成污染。采集精液前，先将器械消毒灭菌；采精时针尖贴紧精液表面，以免吸入空气。针尖也不能深入精液深层，吸入黏液；采精后针头内仍然要吸入一段空气，然后用生理液封口，以免针头堵塞。

（4）精液冷冻　将精液注入混精管内，按比例加入冷冻稀释液，用搅拌器沿着同一方向匀速转动；精液混合均匀后转移至麦管内封口标记，再利用程序降温仪按照程序依次降温，直至达到液氮温度后，将其投入液氮长期保存。

（5）质量要求　冷冻精液在使用前需要先洗脱冷冻保护剂，净化精液；解冻后的精子活率必须达到60%以上，方可用于蜜蜂资源保护和育种工作。

第五部分

新遗传资源的发掘与鉴定

133 新资源、新品种审定鉴定的法律依据是什么？

法律法规依据主要有：《中华人民共和国畜牧法》以及《畜禽新品种配套系审定和畜禽遗传资源鉴定办法》《蚕种管理办法》和《畜禽新品种配套系审定和畜禽遗传资源鉴定技术规范（试行）》《畜禽新品种配套系和畜禽遗传资源命名规则（试行）》等。

《中华人民共和国畜牧法》第十九条规定，培育的畜禽新品种、配套系和新发现的畜禽遗传资源在推广前，应当通过国家畜禽遗传资源委员会审定、鉴定，并由国务院畜牧兽医行政主管部门公告。第十条规定，国务院畜牧兽医行政主管部门设立由专业人员组成的国家畜禽遗传资源委员会，负责畜禽遗传资源的鉴定、评估和畜禽新品种、配套系的审定。

《畜禽新品种配套系审定和畜禽遗传资源鉴定办法》规定，农业农村部主管全国畜禽新品种、配套系审定和畜禽遗传资源鉴定。国家畜禽遗传资源委员会负责畜禽新品种、配套系审定和畜禽遗传资源鉴定。委员会由科研、教学、生产、推广、管理等方面的专业人员组成，并设立猪、牛、马驴驼、家禽、蜂、蚕、其他动物等专业委员会，负责畜禽新品种、配套系审定和畜禽遗传资源鉴定的初审工作。

国家畜禽遗传资源委员会办公室设在全国畜牧总站。

134　发掘鉴定新遗传资源需要把握的原则有哪些？

　　发掘鉴定新畜禽遗传资源是本次普查的重点任务之一，也是本次普查的成绩和亮点。发掘鉴定中需要把握三个原则，一是拟发掘鉴定的新资源属于《国家畜禽遗传资源目录》内的畜禽范畴，不在目录范围内的其他动物资源，比如犬、竹鼠、蛇等，不是本次普查发掘的新资源对象。二是未列入《国家畜禽遗传资源品种名录》、通过调查新发现的、与已知品种有明显区别的资源。比如，2021年11月，农业农村部新闻发布会上发布的"十大新发现优异畜禽品种"，如帕米尔牦牛、查吾拉牦牛、阿旺绵羊等都是新资源。上海水牛、中山麻鸭、黑河马等品种曾收录在《中国家畜家禽品种志》（1988年出版）中，在2006—2009年第二次全国畜禽遗传资源调查时未发现，这次普查又重新发现了，这些品种属于遗漏的已知品种，不属于真正意义的新资源。三是在特定区域的自然年生态环境、社会经济文化背景下，经历长期无计划选择形成的"土种"，在品种类型上属于地方品种。培育的品种及配套系和引入品种及配套系不按新资源管理。

135　如何发掘和填报新发现的遗传资源？

　　从分布区域看，新资源往往分布在交通不方便或相对封闭的地方，比如青藏高原、帕米尔高原、高黎贡山等，分布区域相对连续成片，很少或没有从区域外引种。生产实践中，交通发达地区多是规模化饲养、高度商业化的培育品种和引入品种，发现新资源的概率不大。

　　从品种来源看，新资源往往与当地农牧民的生产生活、特色美食、传统文化等有着较为密切的联系，县志等地方史记资料中有明确记载，品种来源清楚，形成历史有据可查。比如，在西藏贡觉县发现的阿旺绵羊新资源，再加上当地高原的传统羊肉做法——"阿多"（汉语意为：肚包热石烧羊肉），就地取材、肉美汤浓，适合放牧过程食用，传统文化特色鲜明，成为当地的一道亮丽风景线。

从数量看，新资源要有一定的群体数量和种群结构，能维持正常的繁殖和生产，几只、几十只不算一个新资源。

从特征特性看，通过国家畜禽遗传资源数字化品种名录比对，新资源要与已知的品种有明显区别，特征特性突出，主要经济性状遗传稳定，比如大尾巴、裸脖子、适应高海拔等。有条件的地方，可依托优势科研团队进行遗传距离分析，从基因水平鉴别是不是新资源。

通过普查发掘的新资源，按要求逐级填报《新发现资源信息登记表》《县级新发现资源信息汇总表》《市级新发现资源信息汇总表》和《省级新发现资源信息汇总表》，并提供有代表性的品种照片。省级普查机构组织专家进行筛选和初步鉴定，初步认定是新资源的，组织开展系统调查和性能测定，编写鉴定申请材料，由省级畜禽种业行政主管部门向国家畜禽遗传资源委员会提交申请。

136 各地在信息系统中填报的所谓新资源都是新资源吗，如何处理？

不一定都是。分五种情况：

第一种情况，可能是真的新资源，按照《畜禽新品种配套系审定和畜禽遗传资源鉴定管理办法》有关规定，由该资源分布地的省级种业行政管理部门作为申请主体组织申报。

第二种情况，属于正在培育的新品种配套系，按照《畜禽新品种配套系审定和畜禽遗传资源鉴定管理办法》有关规定，由培育人作为申请主体组织申报。

第三种情况，属于国家已认可或批准引进的、第二次调查时未发现的"老品种"，如中山麻鸭、黑河马等品种曾收录在《中国家畜家禽品种志》（1988年出版），2006—2009年第二次全国畜禽遗传资源普查未发现，这次普查又被发现的遗漏品种，按照有关规定重新认定。

第四种情况，属于省级审定或认可的品种。省级审定或认可的畜禽和蜂品种，如辽宁黑猪、湖北红鸡等，需按照《畜禽新品种配套系审定和畜禽遗传资源鉴定管理办法》有关规定重新申请审定和鉴定。

　　第五种情况，拆分已知品种形成的新资源，如分布在辽宁的沿江牛，前两次畜禽遗传资源调查后的志书编写中已将其并入延边牛，这次在信息系统中又填报为新资源。对这类资源的认定，原则上维持不变。确需拆分的，由申请人提供充分证据，国家畜禽遗传资源委员会研究决定。

137　新遗传资源鉴定的基本条件有哪些？

　　（1）血统来源基本相同，分布区域相对连续，与所在地自然及生态环境、文化及历史渊源有较为密切的联系。要描述清楚该资源的"前世今生"，并提供翔实的历史佐证材料。

　　（2）未与其他品种杂交，主要特征一致、特性明显，主要经济性状遗传性稳定。强调的是，新资源一定要有特色，且遗传稳定，有翔实数据支撑。

　　（3）与其他同类别遗传资源有明显区别。主要表现为两个方面，一是表型水平上的区别，如体型外貌、生产性能、产品品质、适应性、抗逆性等；二是分子水平上的区别，如群体遗传分化指数、遗传距离、特征标记等。

　　（4）具有适当的名称。

　　（5）具有一定的数量和群体结构。

　　猪：母猪数量200头以上，公猪20头以上，家系数量不少于4个。

　　家禽：鸡、鸭、鹅、鸽、鹌鹑不少于5 000只，其他禽种不少于3 000只，稀有珍禽的数量可适当减少。各种禽类的保种群体不少于60只公禽和300只母禽。

　　牛：普通牛、水牛的母牛1 000头以上，公牛40头以上，核心群200头以上；牦牛母牛1 000头以上，公牛40头以上，核心群150头以上。

　　羊：群体数量3 000只以上。

　　兔：繁殖母兔数量1 200只以上，公兔150只以上，家系数量不少于15个。

　　马（驴）：基础母马（驴）不少于500匹，其中，核心群母马（驴）不少于200匹。

鹿：梅花鹿不少于800头，马鹿不少于500头。

毛皮动物：狐不少于800只，貉不少于1 500只，水貂不少于1 500只。

138 新遗传资源如何命名？

根据《畜禽新品种配套系和畜禽遗传资源命名规则（试行)》，新遗传资源命名时应使用汉字，汉字后面可加字母、数字及其组合。数字应使用阿拉伯数字，字母应使用拉丁字母。中文名称的英译名，畜种和体型外貌特征描述用英文表述，其余部分用汉字拼音拼写。

有下列情形之一的，不得用于命名新发现的遗传资源。

（1）违反国家法律法规、社会公德或者带有歧视性的；

（2）同政府间国际组织或者其他国际国内知名组织及标识名称相同或者近似的；

（3）容易引起对畜禽的特征特性等误解的；

（4）使用已有畜禽名称或者已注册商标名称的；

（5）名称含有比较级、最高级词语或者类似修饰性词语，夸大宣传的。

139 申请鉴定新遗传资源需要提交哪些材料？

（1）畜禽遗传资源鉴定申请表，包括资源名称、申请单位、资源保存单位、参加申请单位、资源中英文简介、主要参加人员、品种照片、申请材料清单等。需要说明的是，申请资源鉴定的单位应为省级种业主管部门，盖章齐全，日期前后一致。

（2）遗传资源介绍，包括来源及形成历史、群体数量、中心产区、分布区域、自然生态条件、适应性、主要特征特性、生产性能、繁殖性能、饲养管理、疫病情况、分子生物学研究、资源评价评估、保护开发利用情况等。

（3）遗传资源标准，包括地方标准、企业标准或者标准草案。

（4）声像、画册资料及必要的实物，同时提供相关佐证材料，特别是证明该资源来源及形成历史的确凿可信、说服力强的有关材料。

140 申请鉴定新遗传资源的主要流程是什么？

申请鉴定新遗传资源的主要流程见图9。

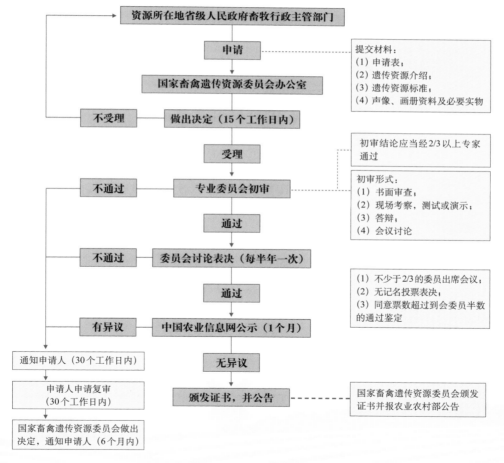

图9 新遗传资源申请鉴定流程

141 新品种配套系审定申请材料清单包括哪些内容?

（1）畜禽新品种配套系审定申请表；

（2）育种技术工作报告；

（3）新品种配套系标准（草案）；

（4）具有法定资质的畜禽质量检验机构最近两年内出具的检测结果；

（5）中试报告或者试验单位的证明材料；

（6）声像、画册资料及必要的实物；

（7）相关论文论著及专利等成果证明。

142 "老品种"如何重新认定?

需要重新认定的"老品种"是指国家原先认定过或依法审批引进过，2006—2009年第二次全国畜禽遗传资源调查未发现，这次普查重新发现的畜禽品种。主要包括三类，一是《中国家畜家禽品种志》（1988年上海科学技术出版社出版）记载有分布，第二次调查未发现，这次普查重新发现的品种，如中山麻鸭、黑河马等；二是《中国畜禽遗传资源状况》（国别报告）（2004年中国农业出版社出版）记载过、第二次调查未发现，这次普查重新发现的品种，如太平鸡、项城猪、烟台糁糠鸡、北港猪、临沧长毛山羊等；三是在2020年5月《国家畜禽遗传资源目录》实施前，除农业农村部外，经其他部委依法审批引进的，且这次普查确认还有一定群体规模的特种畜禽品种，如从境外引进的米黄色水貂、红眼白水貂等。

根据《农业农村部种业管理司 全国畜牧总站关于进一步做好第三次全国畜禽遗传资源普查2022年各项工作的通知》（农种畜函〔2022〕1号）要求，初步鉴定为第二次调查遗漏的且国家认可的品种，有关单位要对照本次普查要求，开展全面系统调查和测定，并将调查报告及有关证明材料报国家畜禽遗传资源委员会，论证通过后直接进《国家畜禽遗传资源品种名录》。

需要提交的材料包括：

（1）主管部门的申请报告；

（2）资源调查报告，内容包括7部分。

一是基本情况，包括品种名称及类型、资源来源、形成历史或引种历史、保存单位等。

二是品种状况，包括中心产区、分布产区、自然生态条件、群体数量及种群结构、消长形势等。

三是特征特性，包括体型外貌、体尺体重、生产性能、繁殖性能、产品品质等。

四是保护和开发利用情况等。

五是科学研究与品种评价。

六是品种影像资料，如品种照片、视频等。

七是有关证明材料，如引种审批文件等。

第六部分

其 他

143 为什么要拍摄畜禽品种影像？

拍摄畜禽品种影像的主要目的有两个，一是为编纂新版《中国畜禽遗传资源志》提供高质量的品种照片，建立有声有形的"国宝"档案；二是为保种科普和公益宣传提供高质量的畜禽品种图片和视频。志书是给专业人员看的，科普和公益宣传是给社会大众看的。通过生动活泼、喜闻乐见的形式，把我国畜禽品种展现给社会大众，让大家觉得畜禽品种好看、好吃、好玩，畜禽保种有意义、有价值、有故事、有文化，让更多的人认识畜禽、了解畜禽，支持和参与畜禽保种公益事业。

144 畜禽品种影像拍什么？

首先，要拍摄高质量品种标准照，包括个体照、群体照和特写照，这是第一要务。标准照要求畜禽品种个体有代表性，年龄不能过大，也不能过小，体况不能太肥，也不能太瘦，站姿要正，品种的主要特征特性要全覆盖，示例见图10。

其次，拍摄畜禽品种科普和公益宣传需要的影像视频，包括畜禽品种的生态照、生产照、艺术照，以及与品种形成历史、特色产品、传统文化等密切相关的照片和视频，示例见图11至图13。也就是说，什么样的畜禽品种照片和影像视频最能打动社会大众，让人们印象最深，就拍什么，充分体现保种的价值和意义所在。

最后，是拍摄视频，视频只需要一般性视频素材，是原始素材，不需要配音剪辑等任何加工，仅作为历史资料存档，不是专业性的宣传片。视频主要反映该品种的分布地生态环境、群体特征特性等。视频可多拍几个场景，一个场景反映一个主要内容，比如品种特征特性、产地生态环境、特殊饲养方式、特殊产品加工方式等。

图10　牛品种照片示例

图11　梅花鹿示例

沙子岭猪因产于湖南省湘潭市沙子岭一带而得名。历史文化底蕴深厚，品种特性优良，毛色点头墨尾，肉味鲜香，营养价值丰富，是不可多得的珍贵遗传资源。

据湘潭山九华出土、现存湖南省博物馆的青铜猪尊考证，沙子岭猪在湘潭的饲养已有3 000多年的历史。

图12　沙子岭猪示例

图13　牦牛品种照片示例

145　谁来拍摄畜禽品种影像？

　　拍摄的责任主体是负责该品种性能测定的有关单位和指导专家，因为测定任务和资金安排里已包含影像拍摄内容。有摄影条件和能力的测定单位和指导专家，要安排专人负责拍摄。没有摄影条件的或没有把握的，要与省普查办公室和全国畜禽遗传资源摄影工作组对接，邀请专业人员拍摄，并按有关要求提供必要的摄影条件，包括场地、背景、有代表性的畜禽品种个体，以及与品种形成、历史文化、特色产品开发等密切相关的摄影环境条件。

为加强组织协调和技术指导，依托全国畜禽遗传资源普查技术专家组，邀请专业摄影人员，第三次全国畜禽遗传资源普查工作办公室组建了全国畜禽遗传资源摄影工作组，负责指导畜禽品种影像拍摄工作，与测定单位和指导专家共同完成影像拍摄任务。工作组组成人员专业性强，经验丰富，装备精良，配备了专业摄影设备和无人机，多人多作品获奖。

有条件的省份，如山西、吉林、山东、河南、湖南、湖北、四川、海南等，相继成立了影像拍摄工作组，负责指导全省畜禽品种影像拍摄工作。没有专项安排的省份，要逐个品种、逐个测定单位、逐个专家，评估核实确认能否高质量完成影像拍摄任务。不能高质量完成的，或没有把握的，要安排专业人员专门拍摄。

146　为什么要请专业人员拍摄？

第一个考虑是，拍摄高质量的品种影像视频非常重要，是本次普查的重点任务之一，是最直观、最生动、最形象的普查成果，是本次普查的亮点，也是点睛之笔，需要专项安排，让专业的人干专业的事。

第二个考虑是，总结吸取2006—2009年第二次全国畜禽遗传资源调查的经验和教训，当时把拍摄任务安排给了测定单位和有关专家，每次培训也进行了专项讲座，结果有30%照片不可用，有50%的照片质量不高，达不到志书编纂的要求，有的进行了补拍，有的来不及补拍，成为第二次调查的一大遗憾。

第三个考虑是，拍摄畜禽品种影像视频不像人们想象的那么容易，是一项专业性很强、技术要求很高的工作，要求拍摄人员既要掌握摄影拍摄专业技能，又要熟悉了解畜禽品种的特征特性，还要细心、有耐心，喜欢拍摄，这样才能拍出高水平的品种照片和影像视频。

147 如何组织实施畜禽品种影像拍摄？

　　第三次全国畜禽遗传资源普查工作办公室负责组织实施，组织省级普查办公室和专家组做好两个统筹，一是省级普查办公室负责统筹区域内所有品种的影像拍摄，落实压实测定单位和省级指导专家的责任；二是全国畜禽遗传资源普查技术专家组分畜种统筹该畜种内所有品种的影像拍摄，落实压实国家指导专家的责任。

　　全国畜禽遗传资源摄影工作组负责指导，并与测定单位和指导专家一起，共同高质量完成畜禽品种影像拍摄任务。原则上，凡省里已安排专业人员拍摄的，或测定单位和指导专家摄影水平较高的，可不再另行安排专业人员拍摄。

　　一个品种具体拍什么，突出哪些典型特征，有哪些具体要求，什么时候拍最合适，由测定单位、指导专家和专业人员共同研究确定，列出拍摄清单，具体拍摄工作由摄影专业人员完成。为避免干扰测定单位的正常生产生活，拍摄人员应尽量与指导专家一起行动，既完成测定指导任务，又能完成影像拍摄任务。

　　加强影像质量审核把关，首先畜禽品种的指导专家在拍摄现场要把好"第一道"关，其次省级普查办公室要把好"第二道"关，最后全国畜禽遗传资源普查技术专家组要把好"第三道"关。凡审核未通过的，需要及时补拍。

148 畜禽品种影像拍摄注意事项有哪些？

　　在拍摄畜禽品种影像时，应选择体型外貌有品种代表性的、体况较好、精气神足的畜禽个体。一般选择能够反映该品种主要特征的成年畜禽个体拍摄，避免选择年龄过大或过小的个体。如果初生或非成年个体有特殊特征的，还要拍摄该生长阶段的典型个体照片。一个品种内有多个类群的，要逐一类群拍摄。头形、角形、乳头、尾形、毛色等有特殊典型特征的，要拍特写照，示例见图14。

　　良好站立姿势可全面反映畜禽的体型、体貌，包括四肢的长短、粗细，主要部位的丰满程度、角形、冠形、胡须等。要求被拍摄对象正侧面对着拍摄者，呈自然站立状态；被拍摄对象的侧面对着阳光，避开风向，使毛自然贴身。表现出四肢站立自如，头颈高昂，使全身各部位应有的特征充分表现。拍摄者应站在拍摄对象体侧的中间位置，不要仰拍，也不要俯拍，相机镜头与拍摄对象保持相对水平。拍摄家禽时，尽量不用绳索等保定拍摄对象。

家禽和毛皮动物一般为笼养，拍摄前应提前1～2周，把畜禽个体散养在一个较大空间内，使其能自然正常站立，然后再拍摄。

拍摄群体照时，尽可能将本品种不同外貌特征的个体一次性拍全，用一张照片反映该品种的所有典型外貌特征，以及其不同外貌的组成和比例。

图像大小在1.2MB以上，以5～10MB为宜；精度在800万像素以上，以3 000万像素为宜，画面清晰，主体突出，格式为jpg。视频画面尺寸/帧频≥1920×1080×30，画面比例为16：9，时长3～5min，大小以80MB为宜，格式为.mp4。

图14　羊品种照片示例

(《中国羊品种志》编写组.1988.中国羊品种志)

149　第三次全国畜禽遗传资源普查文件资料主要有哪些？如何获取？

文件资料主要包括：

（1）第三次全国畜禽遗传资源普查实施方案汇编，以及权威解读；

（2）第三次全国畜禽遗传资源普查操作手册（第一、二册）以及面上普查和系统调查测定系列表格；

（3）第三次全国畜禽遗传资源普查技术专家组人员组成及分工；

（4）第三次全国畜禽遗传资源普查数据审核与质量控制规范；

（5）国家畜禽遗传资源数字化品种名录；

（6）第三次全国畜禽遗传资源普查工作动态，以及有关会议和培训的宣传报道、视频资料等。

以上资料可登录全国畜牧总站网站（http://www.nahs.org.cn）进入"第三次全国畜禽遗传资源普查"专栏下载。

150 国家畜禽遗传资源数字化品种名录（2021年版）访问方式是什么？

为进一步增强《国家畜禽遗传资源目录》贯彻实施的针对性、规范性和可操作性，国家畜禽遗传资源委员会组织开展了《国家畜禽遗传资源品种名录》修订工作，增加了2020年审定、鉴定通过的畜禽新品种、配套系和遗传资源，以及遗漏的畜禽品种、配套系和遗传资源，规范了品种排序、品种命名，对部分内容进行了勘误，形成《国家畜禽遗传资源品种名录（2021年版)》，收录畜禽地方品种、培育品种、引入品种及配套系948个。2020年5月29日公布的《国家畜禽遗传资源品种名录》同时废止。同时为方便查验、更好推进普查工作，增加开发了国家畜禽遗传资源品种名录（数字化版），访问方式如下：

PC端：访问地址 http://pzml.nahs.org.cn:8080/static/index.html

移动端：扫描右图二维码进行查看。

151 第三次全国畜禽遗传资源普查各类培训课程及相关资料如何查看?

方式一:搜索全国畜牧总站网站(http://www.nahs.org.cn)——第三次全国畜禽遗传资源普查专题——专题视频,即可观看分讲课程,相关资料可从文件下载专区下载。

方式二:搜索"中国畜牧业"微信公众号——栏目设置——线上培训,即可跳转到培训课程小程序,点击里面的分期、分讲课程即可观看。

152 第三次全国畜禽遗传资源普查联系方式是什么?

全国农业种质资源普查工作领导小组办公室(农业农村部种业管理司)010-59193186,zyglsxzc@agri.gov.cn。

第三次全国畜禽遗传资源普查工作办公室(全国畜牧总站)010-59194754,angr_nahs@163.com。

北京市畜禽遗传资源普查工作办公室 010-84929031,yichuan213@126.com。

天津市畜禽遗传资源普查工作办公室 022-88273689,snyzxxmyjrpjshtgfwb@tj.gov.cn。

河北省畜禽遗传资源普查工作办公室 0311-86831850,hbszypc@163.com。

山西省畜禽遗传资源普查工作办公室 0351-4066337,13934218952@139.com。

内蒙古自治区畜禽遗传资源普查工作办公室 0471-6964601,tnaq@sina.cn。

辽宁省畜禽遗传资源普查工作办公室 024-81845015,LNZNZX@163.com。

吉林省畜禽遗传资源普查工作办公室 0431-87960880,43287092@qq.com。

黑龙江省畜禽遗传资源普查工作办公室 0451-86383608,hljsxmzzqb@126.com。

上海市畜禽遗传资源普查工作办公室 021-62680388,xumuke021@163.com。

江苏省畜禽遗传资源普查工作办公室 025-86263360,364629851@qq.com。

浙江省畜禽遗传资源普查工作办公室 0571-86757939（畜禽），0571-86757917（蚕），glq0201@163.com。

安徽省畜禽遗传资源普查工作办公室 0551-65393052，ahxbzx@163.com。

福建省畜禽遗传资源普查工作办公室 0591-87859167，18252749809@163.com。

江西省畜禽遗传资源普查工作办公室 0791-88500810，122527802@qq.com。

山东省畜禽遗传资源普查工作办公室 0531-87198678，sdzzzyk@163.com。

河南省畜禽遗传资源普查工作办公室 0371-65778970，hnsxqpc@163.com。

湖北省畜禽遗传资源普查工作办公室 027-87892449，330552239@qq.com。

湖南省畜禽遗传资源普查工作办公室 0731-85131623，hnxmch@126.com。

广东省畜禽遗传资源普查工作办公室 020-37288916，gdcdmy@126.com。

广西壮族自治区畜禽遗传资源普查工作办公室 0771-3338298，ruixinliu@163.com。

海南省畜禽遗传资源普查工作办公室 0898-65236587，hnsxmjstgzz@hainan.gov.cn。

重庆市畜禽遗传资源普查工作办公室 023-89133689，381360535@qq.com。

四川省畜禽遗传资源普查工作办公室 028-85038510，xmzzxqzyk@163.com。

贵州省畜禽遗传资源普查工作办公室 0851-85285529，gzsxmzz@163.com。

云南省畜禽遗传资源普查工作办公室 0871-65611561，3092880875@qq.com。

西藏自治区畜禽遗传资源普查工作办公室 0891-6822295，xm16689080621@163.com。

陕西省畜禽遗传资源普查工作办公室 029-86254586，luoqiang1817@163.com。

甘肃省畜禽遗传资源普查工作办公室 0931-5150056，gszxqglk@163.com。

青海省畜禽遗传资源普查工作办公室 0971-5315183，zy343430740@163.com。

宁夏回族自治区畜禽遗传资源普查工作办公室 0951-5169618，nxxmz@163.com。

新疆维吾尔自治区畜禽遗传资源普查工作办公室 0991-3533891，xqzy0991@163.com。

新疆生产建设兵团畜禽遗传资源普查工作办公室 0991-4641905，565519386@qq.com。

国家畜禽遗传资源目录

扫码看内容